Design

プロ並みに飾る
文字デザイン
Illustrator ＋ Photosh...

JN026551

mito、マルミヤン、佐々木拓人、高橋としゆき、高野 徹、遊佐一弥、anyan 共著

デザインのネタ帳

エムディエヌコーポレーション

Adobe、Illustrator、PhotoshopはAdobe Inc.の米国ならびに他の国における商標または登録商標です。その他、本書に掲載した会社名、プログラム名、システム名などは一般に各社の商標または登録商標です。本文中では™、®は明記していません。
本書のプログラムを含むすべての内容は、著作権法上の保護を受けています。著者、出版社の許諾を得ずに、無断で複写、複製することは禁じられています。
本書の学習用サンプルデータの著作権は、すべて著作権者に帰属します。複製・譲渡・配布・公開・販売に該当する行為、著作権を侵害する行為については、固く禁止されていますのでご注意ください。学習用サンプルデータは、学習のために個人で利用する以外は一切利用が認められません。
本書は2022年3月現在の情報を元に執筆されたものです。これ以降の仕様等の変更によっては、記載された内容と事実が異なる場合があります。著者、株式会社エムディエヌコーポレーションは、本書に掲載した内容によって生じたいかなる損害に一切の責任を負いかねます。あらかじめご了承ください。

はじめに

　Adobe Ilustrator、Photoshopは、もともと高い専門性が求められるプロフェッショナル用ツールとして誕生し、使われてきました。近年ではWebなどの発展に伴い、SNSやサイト上などでさまざまな情報を発信する企業、個人の数がプロ、アマチュアを問わず増えています。

　たとえばWeb上での発信にあたり、ロゴ、アイキャッチやバナー制作など、頻繁にデザインワークが発生し、アマチュアであっても必要に迫られ制作をしたり、ある程度デザイン知識を有して発注しなければならないシチュエーションも多いことと思います。モノの販売においても、Web上で簡単にショップを開設することができますが、合わせてショップロゴ、商品タグやパンフレットなど紙もののデザインやSNSへの広告配信バナーの制作も必要になることがあるでしょう。

　そのような時代の変化と、年々の進化とUIの改善で、より使いやすくなっているAdobe Creative CloudのIllustrator、Photoshopがマッチし、数あるデザインツールの中から Ilustrator、Photoshopを選択して使うユーザーも多いことと思います。またチュートリアルや入門書などの学習するためのコンテンツは世に溢れています。

　ただ、いざ制作に取り掛かると、自分のデザインワークにフィットする学習方法に悩んだり、アイデアとしてメッセージ性を強めたり、より印象的なデザインにするにはどうすればよいかわからないとなる人は多いようです。

　本書は、IllustratorやPhotoshopを日々使いこなし、さまざまな業界、業種のデザインワークをおこなっているプロフェッショナルが、いますぐ使える手法や効果を実践的な作例を使い、効果的な文字デザインとして丁寧に解説しています。

　この本を読んでいただくことで、あなたのアイデアやデザインの引き出しが増え、デザインワークがさらに豊かになり、何よりも楽しみながら作っていただけることを著者一同心から願っております。

著者を代表して　mito

CONTENTS

ぷるん

CHAPTER
1

おしゃれ、エレガント 11

先進的、クール 57

ナチュラル、オーガニック 83

CONTENTS

CHAPTER
4

ポップ 125

派手やか、エキサイティング

本書の使い方

　この本は、デザインの制作現場で役立つ文字デザイン作成のヒントやTipsをまとめたアイデア集です。Adobe Creative CloudのIllustrator、Photoshopを使ったプロの技術を紹介しています。

　各作例の完成データや制作に必要なデータはダウンロードして、学習の参考としてご使用いただけますので、そちらも合わせてご覧ください。

　本書で紹介している操作や効果をお試しになるときは、各アプリケーションが必要となります。あらかじめご了承ください。

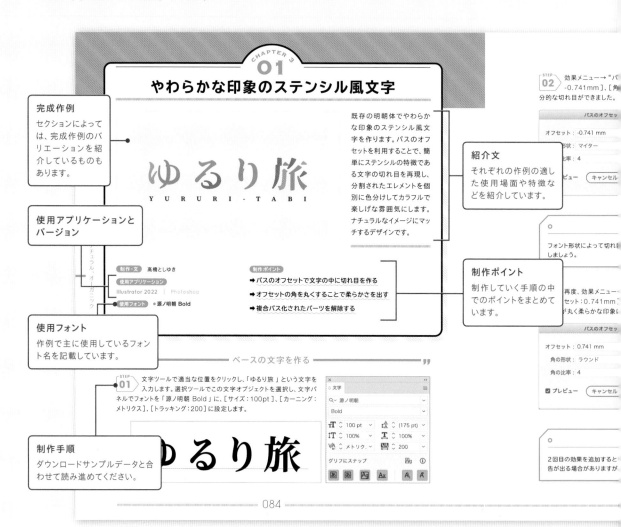

サンプルデータのダウンロードについて

本書に掲載のサンプルデータは、次のURLよりダウンロードできます。

https://books.mdn.co.jp/down/3221303037/

数字

※「1」（数字のイチ）の打ち間違いにご注意ください。
※解凍したフォルダー内には「お読みください.html」が同梱されていますので、ご使用の前に必ずお読みください。
※このサンプルデータは、紙面での解説をお読みいただく際に参照用としてのみ使用することができます。その他の用途での使用、配布は一切禁止します。
※このサンプルデータのファイルを実行した結果については、著者、株式会社エムディエヌコーポレーションは、一切の責任を負いかねます。お客様の責任においてご利用ください。

オフセット... " を選択し、［オフセット：
-］で実行します。文字が細くなり、部

文字が細くなって部分的に切れ目ができます。

MEMO

てくるので、「源ノ明朝」以外のフォントで試すときは数値を微調整

パスのオフセット... " を選択し、［オフ
ラウンド］で実行します。パーツが太く

先ほど細くしたものと同じ数値で太くします。

MEMO

は、新たにこの効果のインスタンスが適用されます。」という内容の警
用］をクリックして継続します。

MEMO
制作のTipsや注意点
などを掲載しています。

MacとWindowsの違いについて

　本書の内容はmacOSとWindowsの両OSに対応しています。本文の表記はMacでの操作を前提にしていますが、Windowsでも問題なく操作できます。Windowsをご使用の場合は、以下の表に従ってキーを読み替えて操作してください。

Mac		Windows	
command	キー	Ctrl	キー
option	キー	Alt	キー
return	キー	Enter	キー
shift	キー	Shif	キー

● 本文ではoption〔Alt〕のように、Windowsのキーは〔　〕内に表示しています。

使用フォントについて

　テキストを用いている作例では主にAdobe Fonts（Adobe Creative Cloudを使用している方なら誰でも使用できるフォント）を用いています。Adobe Fontsから無くなったフォントなど、同じフォントを使用できない場合は、お持ちの似たフォントをご利用ください。

CHAPTER

1

おしゃれ、
エレガント

光源を意識した質感のある文字

Photoshopでも質感のある立体的な文字表現が簡単にできます。Photoshopの場合は画像とあわせて使用することが多いため、画像の光源を意識しながら合わせるように立体効果をかけると自然な仕上がりになります。

制作・文 mito

制作ポイント

➡ グラデーションツールで文字にグラデーションをかける

➡ 陰影の付け方によって数値を変えることで印象を変える

使用アプリケーション

Illustrator ｜ Photoshop 2022

使用フォント
● Zen Antique
● Adobe Handwriting Ernie

おしゃれ、エレガント

文字を配置する

縦書き文字ツールを使い、アートボード上に文字を配置します。作例のフォントは「Zen Antique」を使用しています。

スパ体験

デザインのネタ帳

CHAPTER 1

CHAPTER 2

CHAPTER 3

CHAPTER 4

CHAPTER 5

" ━━━━━━━ 文字にグラデーションを付ける ━━━━━━━ "

STEP
02 レイヤーパネルを開き、先ほど作成した文字レイヤーの右側をダブルクリックして、レイヤースタイルを表示させます。

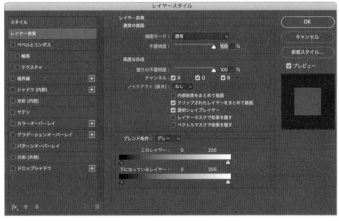

選択したレイヤーの右側あたりをダブルクリックします。

STEP
03 ［グラデーションオーバーレイ］にチェックを入れ、グラデーションの値を調整します。作例では、グラデーションの「開始」は［R56／G120／B162］（#3878a2）、「終了」は［R66／G186／B183］（#42bab7）としています。

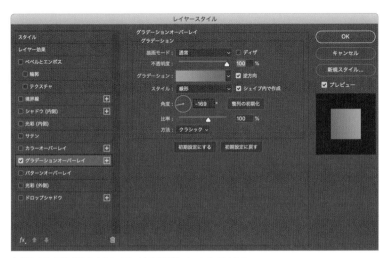

右斜め上に光源があるようなイメージでグラデーションをかけます。

―――――――――――――――――― **文字に立体効果を付ける** ――――――――――――――――――

> STEP
> **04**

「レイヤースタイル」の［ベベルとエンボス］にチェックを入れ、値を調整していきます。今回は［スタイル］を［エンボス］とし、レイヤー全体を浮き彫りにするような効果をかけ、立体感を付けます。

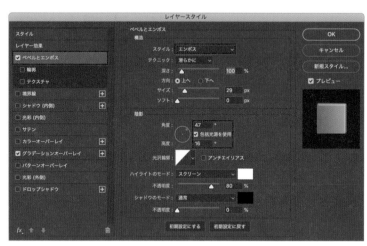

［陰影］についてグラデーションと同じく、右斜め上に光源があるようなイメージでかけます。

―――――――――――――――――― **飾り文字を重ねる** ――――――――――――――――――

> STEP
> **05**

飾り文字を重ねていきます。作例のフォントは「Adobe Handwriting Ernie」を使い、文字の色は［R255／G15／B139］(#ff0f8b) としています。「スパ体験」の文字の後ろに重ねています。

回転ツールで少し傾けています。

おしゃれ、エレガント

" ━━━━━━━━━ 飾り文字に立体効果を付ける ━━━━━━━━━ "

STEP 06 〉飾り文字に立体効果を付けることで、ペンで書いたような質感を作ります。レイヤーパネルを開き、飾り文字のレイヤーの右側をダブルクリックして、レイヤースタイルを表示させます。[ベベルとエンボス]にチェックを入れ、値を設定していきます。[スタイル]は[エンボス]、[角度]や[高度]は「スパ体験」と同じ値にし、[ハイライトのモード]は[覆い焼き（リニア）-加算]、[R234／G143／B224]（#ea8fe0）、[不透明度：70％]、[シャドウのモード]は[乗算]、[R234／G143／B224]（#ea8fe0）、[不透明度：66％]とし、少し彩度を落として馴染ませるようにしました。

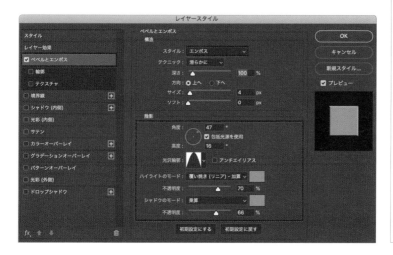

━━━━━━━━━ **VARIATION** ━━━━━━━━━

ベベルとエンボスを使った文字表現

今回はエンボスを使い、下から真正面に浮き立たせる3D効果を行い、光源の位置を設定して自然な立体を作りました。
ベベルとエンボスを使いこなすことで、金属風の質感や、ぷにっとした柔らかい質感、面を押し出したような質感など多様な表現が可能になります。

エレガントなスクリプトレタリング

エレガントでスタイリッシュなスクリプトレタリングは、文字だけでも華やかな印象を与えることができます。

制作・文　佐々木拓人

制作ポイント

➡ スパイラルツールを効果的に使用する

➡ シアーや回転ツールを効果的に使用する

➡ スクリプト書体を手詰めできれいに調整する

➡ 筆記体の筆の流れを考えながら作成する

使用フォント ● Edwardian Script ITC

使用アプリケーション

Illustrator 2022 | Photoshop

" ━━━ 文字を配置する ━━━ "

STEP 01 横書き文字ツールを選択し、アートボード上に文字を配置します。フォントは「Edwardian Script ITC」、[フォントサイズ：40pt]に設定し、「Yer Blues」と入力します。色は黒に設定します。手詰めで文字間を調整し、アウトラインを取っておきます。

デザインの
ネタ帳

CHAPTER 1

CHAPTER 2

CHAPTER 3

CHAPTER 4

CHAPTER 5

" ━━━━━ 円を調整する ━━━━━ "

STEP 02 スパイラルツールを選択し、[半径:3.71mm]、[円周に近づく比率:80%]、[セグメント数:987]に設定します。拡大・縮小ツールを選択し、「縦横比を変更」にチェックを付け[水平方向:100%]、[垂直方向:90%]に設定します。シアーツールを選択し、[シアーの角度:-153°]、[角度:0°]に設定します。

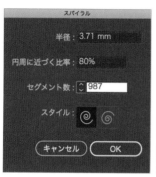

" ━━━━━ 文字となじませる ━━━━━ "

STEP 03 STEP 02で作成したものをコピー&ペーストし、自然になじむようにサイズを調整して文字上に配置します。余分なパスを消去し、線ツールを選択して[線幅:0.2mm]に設定します。線色は黒にします（ここではわかりやすいように赤色にしています）。

おしゃれ、エレガント

" ─────── サイズを調整する ─────── "

 同様にSTEP 02で作成したものをサイズ調整・回転させます。続けて余計なパスを消去し、ペンツールで左端のパスを付け足します。

余計なパスを消去します。

ペンツールで左端のパスを付け足します。

" ─────── 円を複製・回転する ─────── "

 STEP 02で作成したものを複製・回転します。続けて余計なパスを消去し、ペンツールで付け足していきます。

余計なパスを消去します。

それらをペンツールでつないでいきます。

さらに付け足していきます。

" ─────── 円を文字上に配置する ─────── "

 STEP 05で作ったものをサイズ調整しつつ、「B」の上部に配置します。不要なパスを消去して調整します。

STEP 07　STEP 05で最後に作った文字レイヤーで回転ツールを選択し［角度：180°］に設定して、余計なパスを消去します。それを「s」の下部に配置します。

" 文字の位置を調整する "

STEP 08　「Blues」部分を下側に移動します。「er」部分がかぶらないよう下方向に移動し、完成です。

MEMO

自然なスクリプト文字にするコツは、文字の傾きに沿うようにあしらいを配することです。フォントの傾きによってSTEP 02「シアーの角度」の値は変えてもよいでしょう。

レース刺繍風文字

レース刺繍のような暖かみとユーモラスなギミック感が特徴的なデザインアイデアで、幅広いフォントに活用が可能です。たとえばクラフト系イベントのポスターやPOP、ハンドメイドアイテムのWebショップなどのデザインなどにも活用できます。

(制作・文) anyan

(使用アプリケーション)

Illustrator 2022 | Photoshop

(使用フォント)
● DFG極太丸ゴシック体
● 筑紫B丸ゴシック Bold

(制作ポイント)
➡ オリジナルブラシと連続パターンの制作プロセスから紹介
➡ 線の歪みを表現することで、より暖かみのある雰囲気に
➡ 既存フォントの塗りと線にパターンとブラシを適用させることでフルカスタマイズ化

おしゃれ、エレガント

" ブラシ素材を制作する "

STEP
01
　スウォッチパネル下部の「＋」ボタンをクリックし、ブラシとパターンに使用するカラーをあらかじめスウォッチ登録しておきます。ひとまずは作業時用に [C0／M0／Y0／K100] で登録します。完成後は、このスウォッチを調整することで文字のカラーを管理できます。

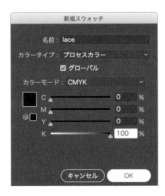

STEP 02 半円ブラシ素材の制作をしていきます。楕円形ツールを選択し、
［幅：3mm］の円（［線幅：2pt］で登録スウォッチのカラーを
適用）を作成します。

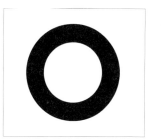

STEP 03 次にダイレクト選択ツールで、円内の
左右のアンカーポイントを選択しま
す。画面上部のメニューの［選択したアンカー
ポイントでパスをカット］をクリックし、円を上
下に分割したら、下の半円は選択削除を行い
ます。

STEP 04 上の半円を選択し、右クリックをして表示されるメニューから［連結］をク
リックすると、横向きの直径線が加わります。

STEP
05　このあとの作業で半円線、直径線の両方それぞれにプロファイル（歪み）
を適用させたいので、再度左右のアンカーポイントを選択し、画面上部の
メニューの［選択したアンカーポイントでパスをカット］をクリックし、線を分割しま
す。そのまま選択した状態で、線パネルの［プロファイル］から2つのコブのあるプ
ロファイル（［線幅プロファイル2］）をクリックし、適用させます。

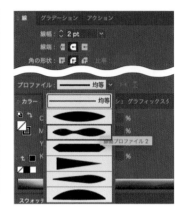

おしゃれ、エレガント

❝━━━━━━━━━━　ブラシ素材を登録する　━━━━━━━━━━❞

STEP
06　STEP 01〜STEP 05で制作した素材を選択し、ブラシパネル下部の
「＋」をクリックして、［新規ブラシの種類を選択］から［パターンブラシ］
にチェックを入れ、［OK］をクリックします。詳細設定用のオプションパネルが表示
されるので、その中の「外角タイル」❶と「内角タイル」❷にてそれぞれ［自動折り
返し］を選択し、［着色］を［方式：彩色］❸に設定して登録します。

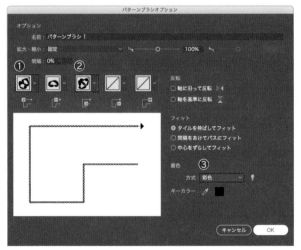

メッシュパターンを制作する

STEP 07 次にメッシュ状のレース風パターンを作成していきます。まずは直線ツールで［長さ：6mm］、［角度：0°］、［線の塗り］にチェックを入れ、平行線を作成します（登録スウォッチのカラーを適用）。線パネルで［線幅：2pt］に設定し、［プロファイル］から2つのコブのあるプロファイル（［線幅プロファイル2］）を適用させます。

STEP 08 作成した線を右クリックし、表示されるメニューから"変形"→"回転"をクリックします。［角度：90°］に設定し、［コピー］をクリックします。コピーされた直線が中央を軸に回転し、十字型の素材が作成できます。

STEP
09　十字型の素材全体を選択し、スウォッチパネルの中にそのままドラッグすると、素材の形状を自動リピートする連続パターンが登録されます。試しにパターンスウォッチを塗りに適用させた状態で長方形を作成してみると、メッシュパターンの展開状態を確認できます。

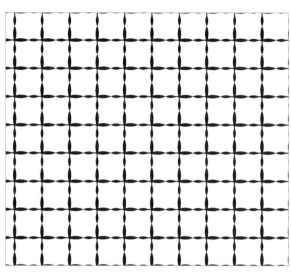

" ━━━━━━ テキストにブラシとパターンを適用する ━━━━━━ "

STEP
10　次に使用したいフォント（ここでは、英字は「DFG極太丸ゴシック体」、和文は「筑紫B丸ゴシック Bold」を使用）でテキストを入力し、右クリックをして表示されるメニューから"アウトラインを作成"をクリックします。

NEEDLE
レース刺繍

┌─ O　　　　　　　　　　　MEMO ─┐
│ ブラシは文字のアウトラインに適用させ │
│ ますが、明朝系などの細い文字や、パス │
│ の角が鋭角となる文字ではブラシのコー │
│ ナー表現が乱れるケースが多くなりま │
│ す。ゴシック系や、中でも丸ゴシック系の │
│ フォントは比較的適用が容易です。 │
└────────────────────┘

STEP 11 STEP 10でアウトライン化した素材を選択し、［塗り］にはメッシュパターンのスウォッチ、［線］にはオリジナルブラシを適用させます。素材の大きさを変えながらスウォッチを適用させることでメッシュパターンの入り方が調整でき（Illustrator〔編集〕メニュー→"環境設定"→"一般..."→［パターンも変形する］にチェック）、また線パネルの［線幅］からの設定でブラシの太さも調整が可能です。

○　　　　　　　　　　　　　　　　MEMO

コーナーポイントで表示が乱れる場合の修正方法は、「レトロなロープ文字」（P.98）を参照してください。

" ———————— カラーを設定して仕上げる ———————— "

STEP 12 レースをイメージしたデザインなので、カラー背景に白抜き文字の組み合わせがおすすめです。カラー背景の上に文字を乗せ、スウォッチパネルで素材に適用させたカラーをホワイト系に調整したら完成です。

CHAPTER 1
CHAPTER 2
CHAPTER 3
CHAPTER 4
CHAPTER 5

手軽に再現できるチョークアート風

カフェの看板や、おしゃれなバーの壁いっぱいに描かれたメニューなど、街中のあちこちで見かけるチョークアート。人の手による雰囲気を残したままデジタルフォントで再現すれば、ウェブサイトでのメニューやインフォメーション表示、プロモーションサイトの雰囲気作りに役立ちます。

| 制作・文 | 遊佐一弥 |

使用アプリケーション
Illustrator | Photoshop 2022

使用フォント
- Ingeborg Striped
- Nimbus Roman D Bold
- Dalliance OT Flourishes

制作ポイント

➡ 「レイヤー効果」光彩（内側）のノイズ設定を使用することで手軽にチョークの雰囲気を再現

➡ フォント情報を失うことなくあとから文字の変更が可能なので、更新する必要のある場合も安心

〝 準備する 〟

STEP 01
背景となる新規グラデーションを設定します。ここでは黒板のイメージに近付くよう濃いグリーン〜黒となるように設定しています。テキストを文字ツールで配置します。フォントは好みのもので構いませんが、装飾的なもののほうがよりチョークアートの雰囲気が出せます。

おしゃれ、エレガント

デザインの
ネタ帳

CHAPTER 1

CHAPTER 2

CHAPTER 3

CHAPTER 4

CHAPTER 5

" ━━━━ 罫線 (Vignette) を加える ━━━━ "

STEP 02 文字を周囲を装飾する罫線を加えます。罫線 (Vignette) は1つずつ描き起こしても
よいのですが、装飾用に用意されたフォントを使って手軽に再現することもできます。
文字ツールで半角数字の「2」を配置し、書体は「 Dalliance OT Flourishes 」を選択する
ことで、文字として入力した部分が飾り罫などのモチーフとして表示されます。この区切り線と
なったレイヤーを複製して、編集メニュー→"変形"→"水平方向に反転"とします。左右に配
置して、それぞれレイヤー名に左右を意味する「 L 」、「 R 」を追記しておきます。ここでテキスト
レイヤー、罫線レイヤーをそれぞれレイヤーグループにまとめて整理しておきましょう。同様に、
装飾用フォントを使用して周囲にもVignetteを配置して全体を整えます。

❝ ━━━━━━━━━━━━━ 効果を設定する ━━━━━━━━━━━━━ ❞

STEP 03 文字レイヤーをダブルクリックして「レイヤースタイル」ダイアログを表示、[光彩（内側）]を選択します。カラー設定は文字の近くの背景の緑をスポイトツールで選択しましょう。背景色のグラデーションの中でも近い色を光彩のカラーとすることで、より自然な仕上がりになります。

STEP 04 [ノイズ]の数値を[100%]に設定します。続けて[エレメント]の部分で[チョーク]、[サイズ]の数値を好みの状態になるまで調整を加えていきます。これで先ほど設定した色がノイズとなって、チョークのような雰囲気を出してくれます。

デザインの
ネタ帳

CHAPTER 1

CHAPTER 2

CHAPTER 3

CHAPTER 4

CHAPTER 5

" ━━━━━━━ 仕上げを行う ━━━━━━━ "

STEP 05 同様の効果をすべてのレイヤーに適用させますが、レイヤー効果は複製することができます。option〔Alt〕キーを押しながらドラッグ&ドロップでもレイヤー間での複製が可能です。すべてのレイヤーに効果を適用したら、[光彩(内側)]のカラー設定に背景とずれがないかチェックして、ずれがあるようなら背景になじむようにカラーを再度スポイトで設定します。

STEP 06 最後に、黒板らしさを出すために引っ掻き傷を追加します。新規レイヤー(scratch)を作成し、ブラシ設定の散布などを活用して描写したら[不透明度]、[レイヤーモード]などを調整して完成です。

05

マスクを使った組み合わせ文字

簡単なマスクとフォントの組み合わせで、思いもしないイメージを作ることが可能です。いろいろなフォントの組み合わせで自分好みの作例を作ってください。

制作・文　佐々木拓人

制作ポイント

➡ マスクを効果的に使用する

➡ フォントの組み合わせ方でイメージを変化させる

➡ 自然にできるズレを用いて、いい意味での違和感を演出する

➡ いろいろな組み合わせを検討する

使用フォント　● A P-OTF 秀英横太明朝 Std　● A P-OTF 秀英角ゴシック金 Std　● A P-OTF 秀英丸ゴシック Std　● A P-OTF 秀英にじみ明朝 Std L

使用アプリケーション

Illustrator 2022　｜　Photoshop

おしゃれ、エレガント

正方形を作成する

STEP 01　長方形ツールを選択し、[幅：6mm]、[高さ：6mm]の設定で正方形を作成します。線色は黒、塗りなしでコピー&ペーストし、並べます。

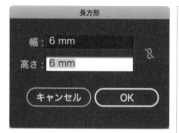

長方形

幅：6 mm

高さ：6 mm

キャンセル　　OK

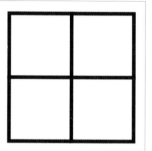

デザインの
ネタ帳
CHAPTER 1
CHAPTER 2
CHAPTER 3
CHAPTER 4
CHAPTER 5

文字を配置する

STEP
02
横書き文字ツールを選択し、アートボード上に文字を配置します。フォント
は「Ａ P-OTF 秀英横太明朝 Std」に設定します。「威」という文字を入
力し、配置します。厳密でなくて構いませんが、ざっくり中央に来るように配置しま
す。文字サイズも任意で構いません（作例では20pt程度）。最背面に配置してお
きましょう。

A P-OTF 秀英横太明朝 Std ⌄

M ⌄

マスクをかける

STEP
03
文字レイヤーをコピーし、文字と左上の矩形を選択します。command
〔Ctrl〕＋7キーを押してマスクをかけます。続けて、このあと作業しやす
いようにcommand〔Ctrl〕＋3キーを押して隠しておきます。

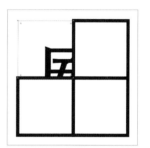

文字レイヤーをペーストする

STEP
04
command〔Ctrl〕＋Bキーを押して背面に文字レイヤーをペーストしま
す。右上の矩形も選択し、再びマスクをかけます。同じ作業をあと2回繰
り返します。すべてを表示させると右のようになります。

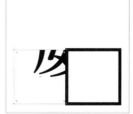

おしゃれ、エレガント

" フォントを変更する "

STEP 05　続いてフォントを変えていきます。現状のフォントは「Ａ P-OTF 秀英横太明朝 Std」ですが、❶右上のマスクは「Ａ P-OTF 秀英角ゴシック金 Std」、❷左下は「Ａ P-OTF 秀英丸ゴシック Std」、❸右下は「Ａ P-OTF 秀英にじみ明朝 Std L」のフォントに変更します。

" 文字を打ち替える "

STEP 06　STEP 05でできたものをすべてコピーし、文字ツールで4回「威」の文字を「風」に打ち替えます。同様に「堂」「々」と繰り返し作成したら完成です。

> ○　　　　　　　　　　　　　　　　　MEMO
>
> 同じフォントメーカーのフォントから4つを選ぶと、比較的骨格が似ているものが多いので、きれいに完成できることが多いです。骨格の違いで、横棒が左上にも左下にも出てきてしまうような場合には、どちらか一方のフォントのみを移動させてきれいに見える位置まで持ってくるなど、微調整を行うとよいでしょう。

VARIATION

境目に線を配置する／矩形に色を付ける

境目に線を配置すると、いい意味で文字の変化も際立ち面白い効果を狙えます。また、矩形に色を付けて、文字色を白にするのも面白い効果を狙えます。

高級感のある立体的なゴールド文字

Photoshopで作る立体的なゴールドの文字。ベベルとエンボス、光彩（内側）、グラデーションオーバーレイなど、複数のレイヤースタイルを組み合わせることで、メタリックな質感に仕上げます。文字に金属の質感と立体感を与えた豪華でリッチな表現は、高級な雰囲気の演出にぴったりです。

制作・文	高橋としゆき

使用アプリケーション
Illustrator | Photoshop 2022

使用フォント ● Gioviale Regular

制作ポイント

➡ スクリプト体のフォントで高級感を演出

➡ グラデーションでゴールドのカラーを設定

➡ ベベルとエンボスで金属の質感と立体感を出す

" —— ベースの文字を作る —— "

STEP 01 図の設定で新規ドキュメントを作成します。[カンバスカラー] は [R40／G10／B10] (#280a0a) としました。

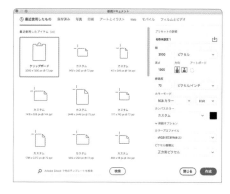

STEP **02** 横書き文字ツールを選択し、文字パネルで図のように設定します。カンバス上の適当な位置をクリックし、「Special」とテキスト入力します。

STEP **03** option〔Alt〕キーを押しながらレイヤーメニュー→"レイヤーを複製"をクリックして実行し、文字レイヤーを複製します。移動ツールでそれぞれの文字が重ならない位置へ移動したら、横書き文字ツールで文字をクリックしてテキストを「Dinner」に書き替えます。

複製した文字を書き替えます。

MEMO

移動ツールを選択した状態でオプションバーの［自動選択］にチェックを入れて［自動選択：レイヤー］にしておくことで、クリックで対象の文字（レイヤー）を選択できるようになります。

おしゃれ、エレガント

STEP 04 移動ツールを使って、それぞれの文字レイヤーを図のような配置にします。これで、ベースの文字は完成です。

文字にレイヤースタイルを追加する

STEP 05 レイヤーパネルで「Special」のレイヤーを選択し、レイヤーメニュー→"レイヤースタイル"→"ベベルとエンボス..."をクリックし、[構造]を[スタイル：ベベル（内側）]、[テクニック：シゼルハード]、[深さ：200%]、[方向：上へ]、[サイズ：100pt]、[ソフト：2px]に、[陰影]を[角度：110°]、[高度：30°]、[ハイライトのモード：覆い焼き（リニア）-加算]、[不透明度：27%]、[シャドウのモード：焼き込み（リニア）]、[不透明度：100%]に設定します。ポイントは[光沢輪郭]の種類を[リング]に変更することです。[ハイライト]のカラーは[白]、[シャドウ]のカラーは[R160／G145／B100]（#a09164）としました。

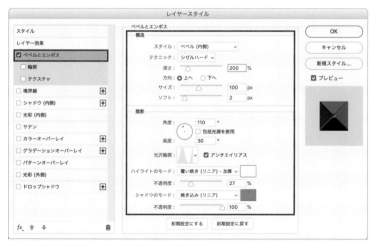

[光沢輪郭]の種類を[リング]に変更するのがポイント。

> **MEMO**
>
> さらにレイヤースタイルを追加するため、この時点ではまだ[OK]はクリックしません。もし[OK]してしまったときは、文字レイヤーの下に追加された[効果]の文字をクリックして設定画面を開き直します。

STEP
06
続いて［光彩（内側）］にチェックを入れ、［構造］を［描画モード：焼き込みカラー］、［不透明度：100%］、［ノイズ：0%］に、［エレメント］を［テクニック：さらにソフトに］、［ソース：エッジ］、［チョーク：20%］、［サイズ：5px］に、［画質］を［範囲：50%］、［適用度：0%］に設定します。光彩のカラーは［R155／G150／B30］（#9b961e）です。ここでもまだ［OK］はクリックしません。

STEP
07
さらに［グラデーションオーバーレイ］にチェックを入れ、［グラデーション］をクリックして「グラデーションエディター」を開きます。グラデーションバーの下にあるカラー分岐点をダブルクリックするとカラーを変更することができるので、左端を［R255／G240／B0］（#fff000）、右端を［R220／G185／B10］（#dcb90a）にして［OK］をクリックします。続けて［描画モード：通常］、［不透明度：100%］、［スタイル：線形］、［角度：90°］、［比率：50%］、［方法：知覚的］に設定します。ここでもまだ［OK］はクリックしません。

おしゃれ、エレガント

STEP 08 > 続けて、[ドロップシャドウ]にチェックを入れ、[構造]を[描画モード:乗算]、[不透明度:50%]、[角度:120°]、[距離:40px]、[スプレッド:0%]、[サイズ:50%]に設定します。これでレイヤースタイルの設定は完了です。[OK]をクリックし、レイヤースタイルを文字に適用します。

STEP 09 > 「Special」レイヤーを選択した状態で、レイヤーメニュー→"レイヤースタイル"→"レイヤースタイルをコピー"をクリックしたあと、「Dinner」レイヤーを選択し、レイヤーメニュー→"レイヤースタイル"→"レイヤースタイルをペースト"をクリックします。これで、レイヤースタイルの設定をすべて移植できます。これでゴールド文字は完成です。

「Special」のレイヤースタイルを「Dinner」へコピー＆ペースト。

STEP 10 > 最後に、[R90／G50／B10]（#5a320a）のカラーで「in Hotel neo japan」の文字を添えれば完成です。フォントはゴールド文字と同じ「Gioviale Regular」とし、[サイズ:130pt]にしました。

07

おしゃれで粋な和風タイトル

お菓子のパッケージや、和物の記事タイトルなどに使えるタイトルです。正六角形を変形させてフレームを作り、明朝体の文字を再構築することで印象に残るタイトルにしましょう。

制作・文　高野 徹

制作ポイント

➡ 正六角形のパスを分割して和風の囲いフレームを作る

➡ 漢字を構成パーツごとに位置を変えて個性的な文字に

おしゃれ、エレガント

使用フォント　● 貂明朝-Regular

使用アプリケーション

Illustrator 2021　|　Photoshop

" ━━━━━━━ 六角形のフレームを作る ━━━━━━━ "

STEP
01
多角形ツールでアートボードをクリックし、[半径：50mm]、[辺の数：6]で[OK]をクリックして正六角形を描きます。回転ツールをダブルクリックして[角度：90°]で[OK]をクリックします。

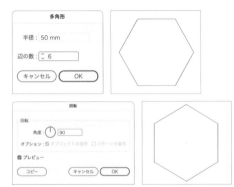

デザインのネタ帳

CHAPTER 1

CHAPTER 2

CHAPTER 3

CHAPTER 4

CHAPTER 5

<table>
<tr><td>STEP 02</td><td>はさみツールで上のアンカーポイント上をクリックして、パスを分割します。次に、ダイレクト選択ツールで分割したアンカーポイント以外のアンカーポイント5つをドラッグして選択し、ツールバーの［選択したアンカーポイントでパスをカット］をクリックすることで、パスをアンカーポイントで分割します。</td></tr>
</table>

MEMO

［選択したアンカーポイントでパスをカット］はパスを簡単に分割できるので便利ですが、仕様上すべてのアンカーポイントが選択された状態ではパスの分割が適用できません。1つのアンカーポイントのみ、はさみツールで分割しています。

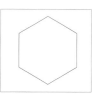

アンカーポイント　　　変換：　　　ハンドル：　　　アンカー：

<table>
<tr><td>STEP 03</td><td>オブジェクトメニュー→"変形"→"個別に変形…"を選択、「個別に変形」ダイアログで、［拡大・縮小］を［水平方向：130％］、［垂直方向：130％］で［OK］をクリックします。カラーパネルで線の塗り［C30／M50／Y75／K10］に、線パネルで［線幅：8pt］にします。</td></tr>
</table>

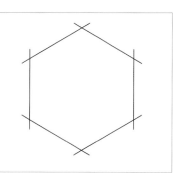
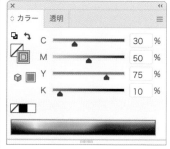

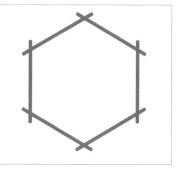

STEP **04** アピアランスパネル下の［＋（選択した項目を複製）］ボタンを2回クリックし、この線を2つ複製します。1番上の階層の線幅部分をクリックして［1pt］に変更します。次に2番目の線のカラーサムネイルをクリックし線の塗りを［白］、線幅部分をクリックして［5pt］に変更します。

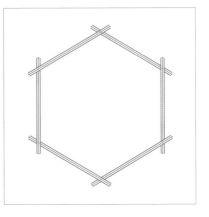

STEP **05** ここで囲みのパスが互い違いになるように調整します。選択ツールで右上のパスを選択し、編集メニュー→"コピー"、編集メニュー→"同じ位置にペースト"を適用します。はさみツールでパスをクリックして分割し、選択ツールで分割した右側のパスを選択し、deleteキーを押して削除します。

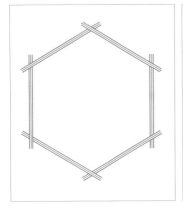
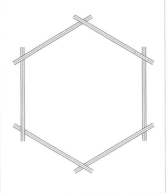
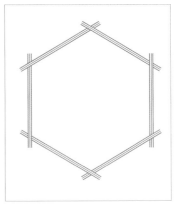

おしゃれ、エレガント

デザインの
ネタ帳

CHAPTER 1

CHAPTER 2

CHAPTER 3

CHAPTER 4

CHAPTER 5

❝ ベースとなる文字を用意する ❞

STEP **06** 文字ツールを選択、文字パネルでフォント［貂 明 朝-Regular］（Adobe Fonts）を選択し、［フォントサイズ：60 pt］、［トラッキング：200］に設定して、文字を1行ずつ「蒸し」「饅頭」を入力します。カラーパネルで塗りを茶色［C40／M70／Y100／K50］にして、書式メニュー→"アウトライン作成"を適用します。

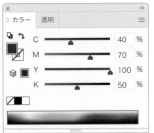

❝ 文字を加工する ❞

STEP **07** 「部首」や「つくり」など漢字を構成パーツの位置を変えることで、フォントをより個性的な文字にします。「蒸」から、グループ選択ツールで、各パーツを選択しドラッグすることで図のように移動しました。ほかの漢字も同様にパーツをドラッグして移動します。

STEP **08** さらに、ダイレクト選択ツールでパーツを部分的に選択し、パス間を空けたり、縮めたりすることで、個性的な文字にします。文字の間隔などのバランスを整えたら完成です。

ぷるっと光沢感、潤い感のある文字

3D効果を付けることで簡単に、ぷるっと光沢感のある立体文字を作ることができます。商材のイメージに合わせて使用することが多い手法です。

制作・文　mito

使用アプリケーション
Illustrator 2022　｜　Photoshop

使用フォント　● DNP 秀英明朝 Pr6N B

制作ポイント
➡ **3D効果を付ける**

➡ **透明パネルより描画モードを調整する**

" ——————— 文字を配置する ——————— "

STEP
01　文字ツールを使い、アートボード上に文字を配置します。作例のフォントは「DNP 秀英明朝 Pr6N B」を使用しています。

文字にグラデーションを付ける

STEP
02
文字を選択した状態で［塗り：なし］、［線：なし］に設定し、アピアランスパネルより、［新規塗りを追加］します。［塗り］を選択した状態でグラデーションパネルを開き、グラデーションを設定します。作例では、［R243／G224／B113］(#f3e071)、［R244／G181／B146］(#f4b592)、［R245／G136／B163］(#f588a3)としています。上から下への色の変化としたいため、［角度：-90°］としています。

先ほど追加した塗りを選択した状態でグラデーションパネルを開き、3色の色と角度を設定します。

文字を複製する

STEP
03
先ほど作成した文字を選択し、command［Ctrl］＋Cのあとcommand［Ctrl］＋Fを押して同じ場所に複製します。上のレイヤーの文字の［塗り］を白に変え、3D効果をかけていきます。

複製をレイヤーパネルで確認します。

塗りを白に変えたことで背景と同化し、一時的に見えなくなります。

文字に３D効果をかける

STEP **04**　効果メニュー→"３Dとマテリアル"→"３D（クラシック）"→"押し出し＆ベベル（クラシック）..."をクリックし、「３D押し出し＆ベベルオプション（クラシック）」ダイアログを表示させます。[位置]を[前面]にし、[角度]はすべて[0°]、[押し出し・ベベル]の[ベベル]は[曲面]とします。そのほかの数値は使用するフォントや文字サイズによって見え方が変わってくるため、実際の表示を確認しつつ調整していきます。

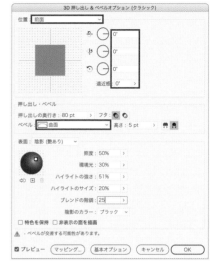

オーバーレイを行いグラデーションを立体にする

STEP **05**　アピアランスパネルを開き、[不透明度]をクリックして[描画モード：オーバーレイ]に設定します。

STEP **06**　ところどころ、グラデーションに対してはみ出て見える部分が気になります。その部分を消していきましょう。長方形ツールを選択し、文字全体を覆い隠すように、長方形を作成します。色は[R255／G255／B255]（#ffffff）とします。作成した長方形をレイヤーの一番下に配置したら完成です。

個性的に太らせたフォント

フォントをそのまま使うだけでは物足りないものの、ゼロから全部作っていくのはハードルが高すぎると感じるかもしれません。そのようなときは、文字を太らせるなど、少し手間をかけるだけでオリジナルのような文字を作ることができます。

おしゃれ、エレガント

制作・文 佐々木拓人

使用アプリケーション

Illustrator 2022 ｜ Photoshop

使用フォント ● A-OTF 丸アンチック Std

制作ポイント

➡ 極端な長体をかける

➡ 極端な線幅を設定する

➡ すべてヌキ部分に正円を使うルールを設定する

➡ 単体で読みづらくても、文字列全体で読めればOKと割り切る

" 文字を配置する "

STEP 01 横書き文字ツールを選択し、アートボード上に文字を配置します。フォントは「A-OTF 丸アンチック Std」、[フォントサイズ：20pt]に設定し、「いろはにほへと」と入力します。色は黒に設定します。

いろはにほへと

線幅を設定する

STEP
02 線パネルを選択し、[線幅：1.5mm]、線色は黒に設定します。

文字間を調整する

STEP
03 文字ツールを選択し[長体：80％]、[文字間：600]に設定します。文字とパスをアウトライン化したあとで、パスファインダーパネルですべてを[合体]に設定します。

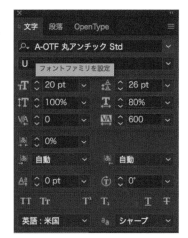

文字の形状を整える

STEP **04** 文字の形に特徴を持たせるため、また可読性も確保するために、さらに形状を調整していきましょう。楕円形ツールを選択し、[幅：0.4mm]、[高さ：0.4mm]に設定します。カラーツールを選択し[C0／M0／Y0／K0]に設定して、文字の上に配置していきます。

MEMO

文字の形状を考え、少しでも視認性が上がる箇所を検討しながら作業していきましょう。

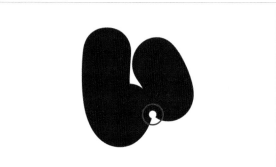

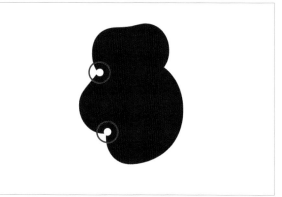

おしゃれ、エレガント

塗りのカラーを調整する

> **STEP 05** ひとつひとつの円と文字列に対し、パスファインダーパネルで［前面オブジェクトで型抜き］を実行していきます。最終的に部分的な塗りのカラーツールを選択し、［C30／M50／Y75／K10］に設定したら完成です。

> **MEMO**
>
> 文字ひとつひとつは読みづらいかもしれませんが、「いろはにほへと」という文字列全体で見るとすらすらと読めてしまうかと思います。このあたりの視認性は文字の長短によっても変わってきますが、長体のサイズや線幅の値をいろいろと試してみるのも面白いでしょう。

VARIATION

「あ」〜「ん」までのひらがなを作成

同じ工程で「あ」〜「ん」までのひらがな52文字を作成すればフォントとして使えます。冊子の見出しにも使用できるのでストックしておく価値があります。

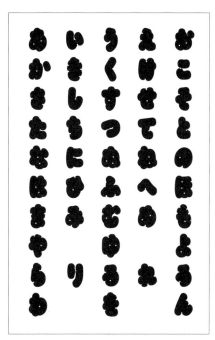

シティポップ感漂うハイブリッドな脱力線

手書きほどそのままでもなく、デジタルの固さばかりでもない。アナログとデジタルのいいとこ取りをした文字は、色ベタと組み合わせてシティポップ感あふれる表現も、写真に乗せてサードウェーブな世界も自由自在です。それだけで胸が踊る軽やかなデザインに仕上げてくれます。

制作・文　遊佐一弥

制作ポイント

➡ ベースになる形は手書きのニュアンスを残しつつ、修正時に扱いやすいパスデータで作成

➡ アピアランスパネルを使った線の設定でより複雑な線の表情を再現

使用フォント　無し

使用アプリケーション

Illustrator 2022　│　Photoshop

おしゃれ、エレガント

" ————— 準備する ————— "

STEP
01
新規アートボードを用意し、背景色を長方形ツールで設定しておきます。背景となるレイヤー（レイヤー名を「bg」と変更しました）は作業しやすいようにロックしておきます。今回はカタカナと欧文を作成するので、レイヤーを2枚追加して、それぞれ「jp」、「en」と名前を変更しておきましょう。

" ——————————— 手書きでラフに描く ——————————— "

STEP **02** ［塗り：なし］、［線：あり］の設定で、鉛筆ツールでアートボードに文字を描いていきます。この時点では完成イメージと違っていても構いません。なんか違うな、という部分もあとから修正できますので、まずは大きく、大胆に。ハネやふくらみのある曲線はわざとすぎるくらいに大きく描くと文字の形に動きが出ます。ソリッドな印象にしたい場合は線パネルで［角の形状］は［マイター結合］の角のままでもよいですが、［ラウンド結合］にしておくと柔らかい仕上がりになります。

STEP **03** 選択ツールで全体の変形や大きさなどを調整し、ダイレクト選択ツールで線の流れ方や細かな部分を調整していきます。手書きのイメージで作るなら、デジタルっぽさ（パスのコーナーや曲線の不自然さなど）が出ないように注意しましょう。また、きれいに仕上げるコツは、できるだけ不要なアンカーポイントを削除していくことです。扱いが難しいパスツールですが、少ないアンカーポイントで曲線を描いていくことで作業もしやすくなります。ここでは線パネルで［線端］を［丸型線端］にしています。また、スムーズな曲線を取り入れて、アナログだけでは難易度の高いスタイルでも面白い表情が出せるかと思います。自分で思い描くイメージになるまでパスを調整していきましょう。

STEP
04 線が重なる部分を立体的に見せるため、上に乗った線の脇にある空間はアピアランスパネルを活用すると、より効率的に作ることができます。上に乗る線を選択し、アピアランスパネルを開いて［線］の項目を選択した状態で［選択した項目を複製］をクリックして線を複製します。［線］をクリックして下にある2つ目の線の太さを大きくすることで、外側に出てくる線の設定が可能になります。ブラシや不透明度の設定、それぞれのモードの組み合わせなどでもさまざまな表現が可能です。

STEP
05 部分的にコピー＆同じ位置にペースト（編集メニュー→"位置にペースト"）で上に重ねてから、同じように二重線を作成するとよいでしょう。その際、［線端］は［線端なし］を選ぶことで線端処理がうまくいきます。

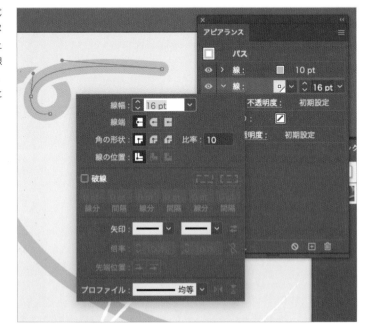

— VARIATION —

線のバリエーション

線の表情を変えることでペンで手書きしたような文字だけでなく、スムースな線で描いた特徴的な文字など、自由なタッチのタイトル文字を描くことができます。

英文の方ではブラシ設定を木炭（鉛筆）などを選択し、ラフな仕上がりにしています。途中で途切れさせることでペンで描いたアナログ感を出すことができます。

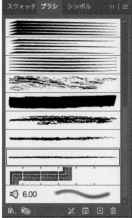

ふわっと質感のある文字

化粧品などの画像の上に載せる文字として、文字の背景にグラデーション効果を付けることで、きちんと文字の視認性を高めつつ商材イメージも伝えられる手法です。

おしゃれ、エレガント

制作・文　mito

使用アプリケーション
Illustrator　|　Photoshop 2022

使用フォント　● Zen Antique

制作ポイント

➡ レイヤーを結合させることで文字をラスタライズ化し、画像として扱う

➡ レイヤーの透明ピクセルをロックすることで、画像の透明部分にはグラデーションが反映されず、文字と光彩部分にのみグラデーションが反映される

" ━━━━━━━━ 文字を配置する ━━━━━━━━ "

STEP
01

文字ツールを使い、アートボード上に文字を配置します。作例のフォントは「 Zen Antique 」を使用しています。作例ではわかりやすく色を付けていますが、文字色を［ R255／G255／B255 ］（ #ffffff ）としたほうが線がはみ出ないため、仕上がりはきれいです。
以降は文字の色を［ R255／G255／B255 ］（ #ffffff ）に変更して作業しています。

レイヤーパネルを複製し光彩を付ける

STEP 02
レイヤーパネルを開き、作成したレイヤーを選択した状態で右クリック→"レイヤーを複製…"で同じレイヤーを複製します。複製したレイヤーをダブルクリックしてレイヤースタイルを表示させ、[光彩(外側)]を編集していきます。

色は、後ほどかけるグラデーションと同系色にしておきます。

テキストレイヤーを画像化する

STEP 03
テキストレイヤーと新規レイヤーを結合させることで、文字をラスタライズし、光彩の効果も含めて、画像化します。文字の下に新規レイヤーを追加します。新規追加したレイヤーと文字レイヤーを選択→右クリック→"レイヤーを結合"でレイヤーを結合します。結合したレイヤーに対し、[ロック]の[透明ピクセルをロック]をクリックし、ロックします。

透明ピクセルをロックすることで、描画されていない背景部分には描画されなくなります。

" 文字全体にグラデーションをかける "

STEP
04

画像化した文字レイヤーを選択し、ツールバーのグラデーションをクリックしたのちに、オプションバーのグラデーション部分をクリックします。グラデーションエディターが表示されるので、グラデーションの色を設定します。作例では、左から［R192／G218／B241］（#c0daf1）、［R45／G183／B213］（#2db7d5）としています。アートボード上の文字の上で上から下へドラッグし、グラデーションをかけます。

shiftキーを押しながら縦にドラッグすると、まっすぐ垂直方向にグラデーションがかかります。

" 文字を仕上げる "

STEP
05

複製前の文字レイヤーを作成したグラデーション文字の上に配置して完成です。

CHAPTER

2

先進的、
クール

01

飛び出す3D文字のデザイン

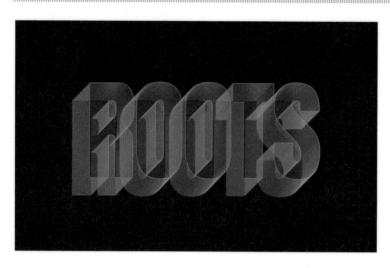

立体感があり、インパクトを出すことができる文字デザインです。ポスターやチラシなど、文字をメインとして使用したり、ロゴマークとして使用したりできます。Webのビジュアル、バナー広告などで目立たせたいポイントで使うと効果的でしょう。

先進的、クール

制作・文 マルミヤン

使用アプリケーション
Illustrator | Photoshop 2021

使用フォント ● Anton

制作ポイント

➡ フィルター効果のぼかし（移動）で文字に立体感を付ける

➡ レイヤーを複製し重ねることでレイヤーを浮き立たせる

➡ レイヤースタイルの効果で色の変更を行う

" ━━━━━ 文字を配置する ━━━━━ "

STEP 01 塗りつぶしツールを選択し、[描画色：黒]に設定して、[背景色：黒]で塗りつぶします。続けて横書き文字ツールを選択し、文字を配置します。

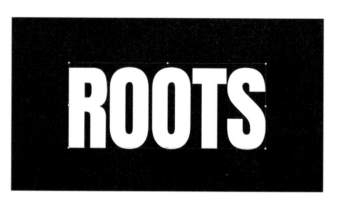

文字に境界線を付ける

STEP **02** 文字を配置したレイヤーを選択し、command〔Ctrl〕＋C→command〔Ctrl〕＋Fを押して複製します。元のテキストレイヤーの目のマークをクリックして非表示にしておきます。複製したレイヤーのレイヤースタイルを開き、［境界線］にチェックを入れ、［構造］を［サイズ：2px］、［位置：外側］、［描画モード：通常］、［不透明度：100％］に設定します。レイヤーメニュー→"ラスタライズ"→"レイヤースタイル"をクリックし、テキストレイヤーとレイヤースタイルの効果をラスタライズして加工できるように変更します。

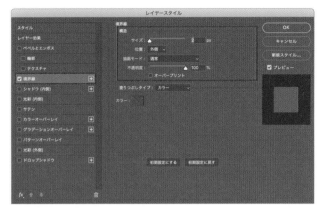

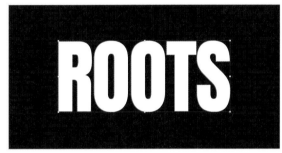

境界線部分を抽出する

STEP **03** マジック消しゴムツールを選択し、［許容値：32］（デフォルトの値）に設定します。白の部分をクリックし、境界線部分を抽出します。

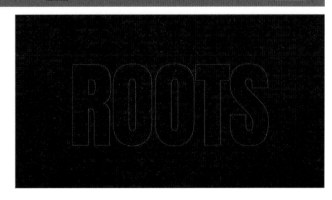

先進的、クール

境界線をぼかしてずらす

STEP 04　command〔Ctrl〕＋C→command〔Ctrl〕＋Fを押してレイヤーを複製し、片方のレイヤーは目のマークをクリックして非表示にしておきます。表示したレイヤーを選択し、フィルターメニュー→"ぼかし"→"ぼかし（移動）"をクリックして、［角度：45°］に設定します。

文字が浮き出るまで複製する

STEP 05　このレイヤーを数回複製します。ここではcommand〔Ctrl〕＋Jで選択しているレイヤーの複製が可能なので、文字が浮き出てくるまで何度か複製を繰り返しました。STEP 04で非表示にしたぼかす前のレイヤーを表示させ、移動ツールを選択します。表示メニューから［スナップ］にチェックを入れ、文字の前面に配置したら、このレイヤーと複製したレイヤーを結合します。

ブラシで効果を付ける

> STEP
> **06**

結合したレイヤーの上に新規レイヤーを作成し、ブラシツールを選択します。ブラシの種類はソフト円ブラシ、[ブラシサイズ：300px]、[描画色：青色]、[描画モード：オーバーレイ] に設定し、ブラシを部分的に加えます。

文字に色を付ける

> STEP
> **07**

結合したレイヤーのレイヤースタイルを開きます。[カラーオーバーレイ] にチェックを入れ、[表示色]を[描画モード：通常]、[不透明度：100%]に設定して、色の変更を行います。最初に非表示にしていた元のテキストレイヤーを表示させ、移動ツールで右上のように配置します。テキストの文字色を[R40／G40／B40]（#282828）に変更したら完成です。

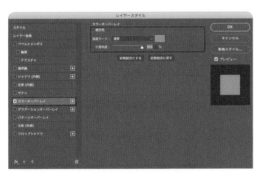

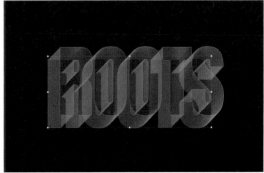

紙幣や証券に使われているような文字

紙幣や証券などに使われるようなステータスを感じる文字を作成します。アピアランスで線を重ねることで作成していきます。

先進的、クール

制作・文　高野 徹

使用アプリケーション

Illustrator 2021　｜　Photoshop

使用フォント　● Copperplate-Bold

制作ポイント

➡ 線幅が違う複数の線をアピアランスで追加する

➡ 線をブレンドして作成したグラデーションを塗りに使う

" ───── ベースとなる文字を用意する ───── "

STEP 01 文字ツールを選択、文字パネルで [Copperplate-Bold] (Adobe Fonts) を選択し、[フォントサイズ：200 pt]、[カーニング：オプティカル] に設定して、文字「BANK」を入力し、コントロールパネルで塗りを [なし] にします。

文字を加工する

STEP
02 アピアランスパネルのパネルメニューで"新規線を追加"を適用します。
カラーパネルで［線：C75／M55／Y50］に設定します。アピアランスパネ
ルで「線」部分をクリックして線パネルを表示し、［線幅：10pt］、［角の形状：ラ
ウンド結合］にします。

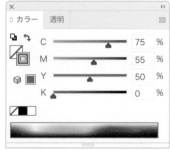

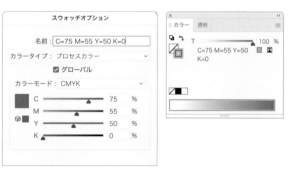

○ **MEMO**

線の色はカラーパネルメニュー→"新規ス
ウォッチを作成..."でスウォッチ登録して
おくと、完成後に簡単に文字の色変えがで
きるので便利です。

STEP
03
アピアランスパネル下の［＋（選択した項目を複製）］ボタンをクリック
して線を複製し、下の階層の線をクリックして選択します。効果メニュー
→"パスの変形"→"変形…"を選択し、「変形効果」ダイアログを開き、［水平方
向：0.5mm］、［垂直方向：0.5mm］で［OK］をクリックします。

STEP
04
アピアランスパネルで、上の階層の線を選択します。アピアランスパネルで
［＋（選択した項目を複製）］ボタンをクリックし、この線を2つ複製しま
す。1番上の階層の線幅部分をクリックして［1pt］に変更します。

先進的、クール

STEP 05 アピアランスパネルで、2番目の線のカラーサムネイルをクリックし線の塗りを[白]、線幅部分をクリックして[4pt]に変更します。

STEP 06 線ツールを選択し、アートボード上でshiftキーを押しながら横方向にドラッグして、任意の長さの水平線を描画し、コントロールパネルで線の色[C75／M55／Y50／K0]、[線：4pt]に設定します。ツールバーの選択ツールをダブルクリックして、「移動」ダイアログを開き、[水平方向：0mm]、[垂直方向：35mm]で[コピー]ボタンをクリックして線を複製し[線：0.5pt]に変更します。

| 直線 | / ∨ | ⬛ ∨ | 線： ⌄ 4 pt ∨ | —— 均等 ∨ | —— 基本 ∨ | 不透明度：100% | > スタイル： ∨ |

移動

位置
水平方向： 0 mm
垂直方向： 35 mm

移動距離： 35 mm

角度： -90°

オプション
☑ オブジェクトの変形 ☐ パターンの変形

☑ プレビュー

(コピー) (キャンセル) (OK)

| 直線 | / ∨ | ⬛ ∨ | 線： ⌄ 0.5 pt ∨ | —— 均等 ∨ | —— 基本 ∨ | 不透明度：100% | > スタイル： ∨ |

—— ブレンドでグラデーションを作る ——

STEP 07　上下のパスを同時に選択し、オブジェクトメニュー→"ブレンド"→"作成"を適用し、次にオブジェクトメニュー→"ブレンド"→"ブレンドオプション…"で表示されるダイアログで［間隔：ステップ数 20］で［OK］をクリックします。ブレンドしたラインをスウォッチパネルにドラッグすることでパターン登録します。

STEP 08　テキストを再び選択し、アピアランスパネルの塗りをクリックして選択します。スウォッチパネルでSTEP 07で作成したパターンをクリックし、塗りを線グラデーションのパターンにします。

MEMO

線グラデーションパターンの位置を調整する場合、ツールバーの選択ツールをダブルクリックして、「移動」ダイアログを開き、［オブジェクトの変形］のチェックを外し、プレビューを見ながら［垂直方向］の数値を調整することで、パターンを調整します。

03

カラフルなラインで構成された文字のデザイン

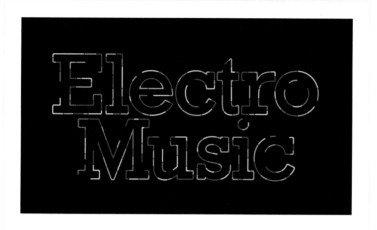

汎用性の高いシンプルなデザインなので、広告のアクセントとして使用すると効果的です。ポスター、DM、チラシ、Web、など、幅広い媒体で使用できます。背景を暗くも明るくもできるので、デザインに合わせて使い分けるとよいでしょう。

制作・文 マルミヤン

使用アプリケーション

Illustrator | Photoshop 2021

使用フォント ● Rockwell

制作ポイント

➡ マジック消しゴムツールで文字の輪郭を抽出する

➡ 選択ツールで境界線をパーツごとに分ける

➡ 明るさの中間値で丸みを持たせる

" ──────────── 文字を配置する ──────────── "

STEP 01 横書き文字ツールを選択し、文字を配置します。

Electro
Music

" ——————— 文字に境界線を付ける ——————— "

STEP 02 このレイヤーのレイヤースタイルを開きます。[境界線]にチェックを入れ、[構造]を[サイズ:5px]、[位置:外側]、[描画モード:通常]、[不透明度:100%]に設定します。レイヤーメニュー→"ラスタライズ"→"レイヤースタイル"をクリックし、テキストレイヤーとレイヤースタイルの効果をラスタライズして加工できるように変更します。

先進的、クール

" ——————— 境界線部分を抽出する ——————— "

STEP 03 マジック消しゴムツールを選択し、[許容値:32](デフォルトの値)に設定します。黒(文字)の部分をクリックし、境界線部分を抽出します。背景は塗りつぶしツールで黒に塗りつぶしておきます。

複数の選択範囲を作成する

STEP
04
長方形選択ツールを選択し、選択範囲を作成していきます。いくつか選択
範囲を作成するので、オプションバーの［選択範囲に追加］をクリックし、
複数の選択範囲を作成します。

選択部分をコピー&ペーストして色を付ける

STEP
05
選択部分をコピーし、deleteキーを押して選
択部分を削除します。コピーしたものをペース
トし、移動ツールで元の位置に配置します。

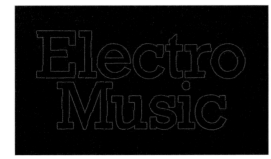

STEP **06** レイヤースタイルを開き、[カラーオーバーレイ]にチェックを入れ、[表示色]を[描画モード：通常]、[不透明度：100%]に設定します。

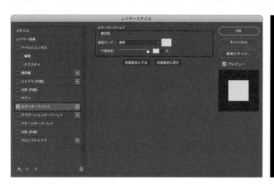

" ──────── **コピー＆ペーストと色付けを繰り返す** ──────── "

STEP **07** STEP 05〜STEP 06の方法で選択範囲を作り、コピー、削除、ペースト、位置を調整してレイヤースタイルでカラーの変更を繰り返し、いくつかのパーツに分けます。元の境界線の色もカラーオーバーレイで変更しておきます。

デザインのネタ帳

CHAPTER 1
CHAPTER 2
CHAPTER 3
CHAPTER 4
CHAPTER 5

文字にテクスチャを加える

STEP 08 〉 それぞれのレイヤーでフィルターメニュー → "ノイズ" → "明るさの中間値..." をクリックし、[半径：2pixel] に設定します。それぞれのレイヤーに値を設定し、角の部分を丸く加工します。

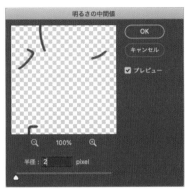

文字を部分的に削除する

STEP 09 〉 最後に自動選択ツールで部分的に選択範囲を作成し、deleteキーを押して選択部分を削除したら完成です。

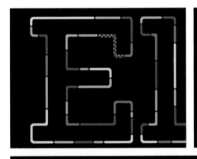
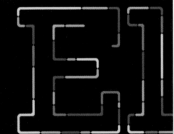

奥行きを感じる文字のデザイン

モノクロの奥行きを感じる デザインなので、ビジュアル として使用すると高級感や 上質なイメージをプラスで きます。スポーツ関係の広 告や、ロゴマークとして使 用、商品パッケージなどに も効果的に使用できます。

(制作・文) マルミヤン

(使用アプリケーション)

Illustrator | Photoshop 2021

(使用フォント) ● Impact

(制作 ポイント)

➡ 選択ツールで文字を切り抜き配置していく

➡ ドロップシャドウで文字に奥行き、立体感を出す

➡ ノイズを使ってテクスチャを表現する

" ━━━━━━━━━ 文字を配置する ━━━━━━━━━ "

STEP 01 塗りつぶしツールを選択し、［描画色：黒］に設定して、［背景色：黒］で塗りつぶします。続けて横書き文字ツールを選択し、文字を配置します。レイヤーメニュー→ "ラスタライズ" → "テキスト" をクリックし、文字が加工できるように変更します。

先進的、クール

" ──── 文字を切り抜く ──── "

STEP
02
このレイヤーを選択した状態で長方形選択
ツールを選択し、文字の上部に選択範囲を作
成します。選択部分をコピーし、deleteキーを押して選
択部分を削除したら、選択範囲を解除し、コピーした部
分をペーストします。

" ──── 切り抜いた文字をずらして配置する ──── "

STEP
03
移動ツールでペーストしたレイヤーを配置し、
レイヤースタイルを開きます。[ドロップシャド
ウ]にチェックを入れ、[構造]を[描画モード:乗算]、
[不透明度:100%]、[角度:90°]、[距離:35px]、
[スプレッド:40%]、[サイズ:100px]に設定します。

" ━━━━━━━━━━ 切り抜き配置と効果適用を繰り返す ━━━━━━━━━━ "

STEP 04 STEP 02と同様の方法で長方形選択ツールで選択範囲を作成し、コピー、削除、ペーストを行います。続けてSTEP 03と同様の方法で移動ツールで配置し、レイヤースタイルの効果をかけます。

STEP 05 STEP 04の作業を残りの部分にも適用していきます。このとき、全体のバランスを見ながら部分的にドロップシャドウの設定を調整します。

先進的、クール

文字にテクスチャを加える

STEP 06 最後にテクスチャを加えます。新規レイヤーをレイヤーの一番上に配置し、塗りつぶしツールで白に塗りつぶします。フィルターメニュー→"ノイズ"→"ノイズを加える..."をクリックし、[量：10%]、[分布方法：均等に分布]に設定します。

STEP 07 レイヤーの[描画モード]を[乗算]に変更したら完成です。

2種類の文字が重なったデザイン

シンプルなデザインなので、新聞やポスター、商品のパッケージやWeb、テレビ広告など、幅広い媒体で使用できます。視覚的にも面白いデザインなので、メインのビジュアルとして使用しても目を引く広告が作れます。

先進的、クール

（制作・文）　マルミヤン
（使用アプリケーション）
Illustrator ｜ Photoshop 2021
（使用フォント）● Helvetica

（制作ポイント）
➡ 2種類の文字を重ねて配置する
➡ マジック消しゴムツールで文字の輪郭を抽出する
➡ レイヤーマスクで部分的にモチーフを隠す

" —— 文字を配置する —— "

STEP 01 横書き文字ツールを選択し、文字を配置して色を付けます。作例のフォントは「Helvetica／Bold」を使用しています。このレイヤーを複製して一番上に配置し、フォントを「Helvetica／Light Oblique」に変更します。

ここでは文字色をわかりやすく赤に変更しています。

文字に境界線を付ける

STEP 02 複製したレイヤーのレイヤースタイルを開き、[境界線]にチェックを入れ、[構造]を[サイズ：5px]、[位置：外側]、[描画モード：通常]、[不透明度：100%]に設定します。このとき文字色と境界線は異なる色を選択しておきます。レイヤーメニュー→"ラスタライズ"→"レイヤースタイル"をクリックし、テキストレイヤーとレイヤースタイルの効果をラスタライズして加工できるように変更します。

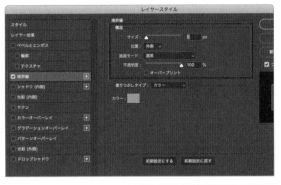

境界線部分を抽出する

STEP 03 マジック消しゴムツールを選択し、[許容値：32](デフォルトの値)に設定します。赤(文字)の部分をクリックして境界線部分を抽出します。

" ━━━━━━━━ 文字に立体感を付ける ━━━━━━━━ "

STEP 04　このレイヤーのレイヤースタイルを開きます。[ベベルとエンボス] にチェックを入れ、[構造] を
[スタイル：ベベル（内側）]、[テクニック：滑らかに]、
[深さ：1000%]、[方向：上へ]、[サイズ：6px]、[ソフト：0px] に、[陰影] を [角度：90°]、[高度：30°]、
[光沢輪郭：線形]、[シャドウのモード：乗算]、[不透明度：100%] に設定します。続けて [カラーオーバーレイ] にチェックを入れ、[表示色] を [描画モード：通常]、
[不透明度：100%] に設定します。

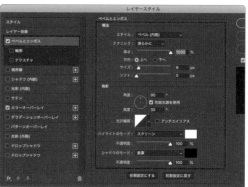

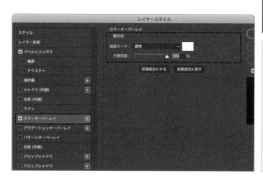

" ━━━━━━━ ブラシで部分的に効果を入れる ━━━━━━━ "

STEP 05　レイヤーパネルの [レイヤーマスクを追加] ボタンをクリックし、
レイヤーマスクを追加します。レイヤーマスクサムネイルが選択されていることを確認し、ブラシツールを選択して [描画色] を [黒] に設定したら、ブラシの種類を [ハード円ブラシ]、[サイズ] を [20px] に設定します。

STEP
06 テキストレイヤーの「T」(サムネイル部分)にカーソルを合わせ、command
〔 Ctrl 〕キーを押してアイコンが変わった状態でクリックすると、文字の選択
範囲が作成されます。選択範囲を作成したら、レイヤーマスク上で部分的にブラシを加
えてマスクしていきます。マスクし終えたら選択範囲を解除して完成です。

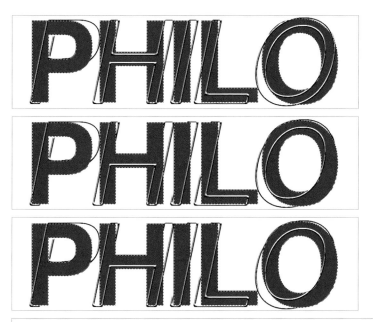

06

動きを感じる文字のデザイン

動きを感じるデザインは、スポーツや交通関係の広告などにも向いています。アニメーションで動きを付けることで、テレビやWeb内の広告、デジタルサイネージなどにも効果的に使用できるでしょう。

先進的、クール

制作・文	マルミヤン

使用アプリケーション

Illustrator │ Photoshop 2021

使用フォント ● ニタラゴルイカ

制作ポイント

➔ フィルター効果で文字にラインを付ける

➔ マジック消しゴムツールでラインだけを抽出する

➔ 移動ツールでずらして配置し、文字に動きを付ける

文字を配置する

STEP 01 横書き文字ツールを選択し、文字を配置します。このあとフィルター効果をかける際に文字に色が付いていないと効果が出せない場合があるので、作例では文字に赤色を設定しています。レイヤーメニュー→"ラスタライズ"→"テキスト"をクリックし、加工できるように変更しておきます。

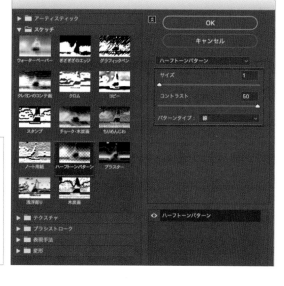

文字にパターンを適用する

[STEP 02] ［描画色：黒］、［背景色：白］に設定し、フィルターメニュー→"フィルターギャラリー"を選択して、［スケッチ］の［ハーフトーンパターン］をクリックしたら、［サイズ：1］、［コントラスト：50］、［パターンタイプ：線］に設定します。

黒のラインを抽出する

[STEP 03] マジック消しゴムツールを選択し、［許容値：32］（デフォルトの値）に設定します。白の部分をクリックして黒のラインのみを抽出します。

作業の際は拡大するとクリックしやすくなります。

“ ━━━━━━━━━━ 文字に動きを付ける ━━━━━━━━━━ ”

STEP
04
自動選択ツールを選択し、部分的に黒のラインをクリックして選択していきます❶❷。選択範囲を作成したら選択部分をコピーし、deleteキーを押して選択部分を削除します❸。コピーしたものをペーストし、移動ツールで❹のように配置します。

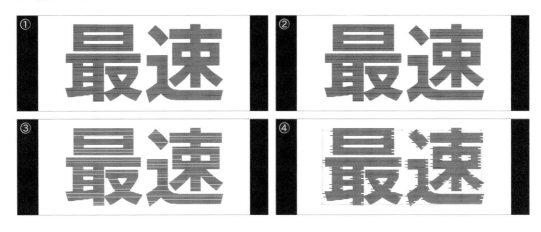

先進的、クール

“ ━━━━━━━━━━ 文字に色を付ける ━━━━━━━━━━ ”

STEP
05
このレイヤーのレイヤースタイルを開き、［カラーオーバーレイ］にチェックを入れ、［表示色］を［描画モード：通常］、［不透明度：100％］に設定して、色の変更を行います。STEP 04と同様の方法で再度選択範囲を作成します。コピー、削除、ペースト、配置を行い、レイヤースタイルで色を変更して完成です。

ナチュラル、
オーガニック

01

やわらかな印象のステンシル風文字

既存の明朝体でやわらかな印象のステンシル風文字を作ります。パスのオフセットを利用することで、簡単にステンシルの特徴である文字の切れ目を再現し、分割されたエレメントを個別に色分けしてカラフルで楽しげな雰囲気にします。ナチュラルなイメージにマッチするデザインです。

ナチュラル、オーガニック

制作・文	高橋としゆき

使用アプリケーション

Illustrator 2022 | Photoshop

使用フォント ● 源ノ明朝 Bold

制作ポイント

➡ パスのオフセットで文字の中に切れ目を作る

➡ オフセットの角を丸くすることで柔らかさを出す

➡ 複合パス化されたパーツを解除する

" ━━━━━━━━━ ベースの文字を作る ━━━━━━━━━ "

STEP 01 文字ツールで適当な位置をクリックし、「ゆるり旅」という文字を入力します。選択ツールでこの文字オブジェクトを選択し、文字パネルでフォントを「源ノ明朝 Bold」に、[サイズ：100pt]、[カーニング：メトリクス]、[トラッキング：200] に設定します。

STEP 02 効果メニュー→"パス"→"パスのオフセット…"を選択し、[オフセット：
-0.741mm]、[角の形状：マイター]で実行します。文字が細くなり、部
分的な切れ目ができました。

パスのオフセット	
オフセット：	-0.741 mm
角の形状：	マイター
角の比率：	4

☑ プレビュー　（キャンセル）　（OK）

文字が細くなって部分的に切れ目ができます。

○　　　　　　　　　　　　　　　　　　　　　　　　　　　　　MEMO

フォント形状によって切れ目の具合が変わってくるので、「源ノ明朝」以外のフォントで試すときは数値を微調整
しましょう。

STEP 03 再度、効果メニュー→"パス"→"パスのオフセット…"を選択し、[オフ
セット：0.741mm]、[角の形状：ラウンド]で実行します。パーツが太く
なり、角が丸く柔らかな印象になりました。

パスのオフセット	
オフセット：	0.741 mm
角の形状：	ラウンド
角の比率：	4

☑ プレビュー　（キャンセル）　（OK）

ゆるり旅

先ほど細くしたものと同じ数値で太くします。

○　　　　　　　　　　　　　　　　　　　　　　　　　　　　　MEMO

2回目の効果を追加するとき、「この操作では、新たにこの効果のインスタンスが適用されます。」という内容の警
告が出る場合がありますが、[新規効果を適用]をクリックして継続します。

❝ ━━━━━━━━━━ 文字にレイヤースタイルを追加する ━━━━━━━━━━ ❞

STEP
04 文字オブジェクトを選択した状態で、オブジェクトメニュー→"アピアランスを分割"を実行し、効果を拡張します。

○   MEMO

効果が拡張されると、自動的に文字もアウトライン化されます。いったんアウトライン化してしまうと、文字の状態に戻すことができませんので、必要に応じて文字オブジェクトを複製してバックアップを残しておくとよいでしょう。

STEP
05 すべてのオブジェクトを選択した状態で、オブジェクトメニュー→"複合パス"→"解除"をクリックし、文字の複合パスを解除しておきます。続けて、パスファインダーパネルで［形状モード：中マド］をクリックし、複合パスの解除でつぶれた中抜きの箇所を戻しておきます。事前にこの処理をすることで、パーツを個別に色分けできるようになります。

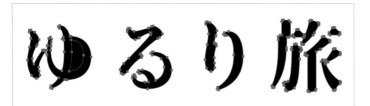

ナチュラル、オーガニック

STEP 06　グループ選択ツールでパーツを1つずつ選択し、[塗り]のカラーをバラバラに設定すれば完成です。同じ色が隣り合わないように、バランスを考えて配色するのがポイントです。ここでは、グレーを［C45／M25／Y25／K0］、水色を［C65／M10／Y25／K0］、紫を［C40／M40／Y20／K0］、ピンクを［C0／M70／Y15／K0］としました。

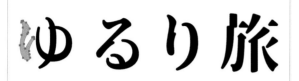

パーツごとに色分けして完成。

─ VARIATION ─

あえて文字のバランスを崩して遊びをプラス

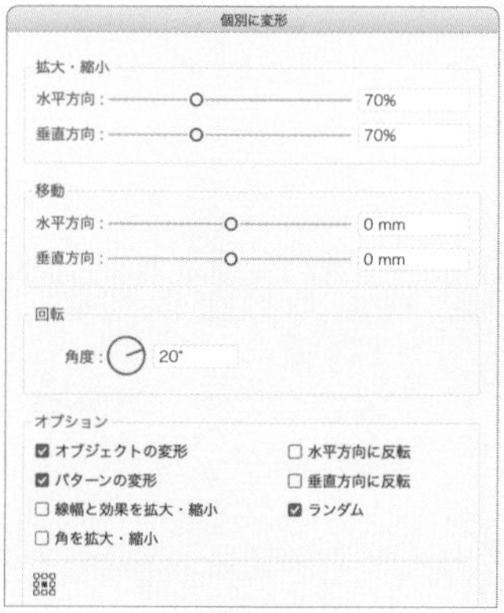

分割したパーツをランダムに動かして、文字のバランスをあえて崩しても楽しいでしょう。完成した文字を選択し、オブジェクトメニュー→"グループを解除"したあと、オブジェクトメニュー→"変形"→"個別に変形…"を図のようにして実行すれば、パーツの角度や大きさをバラバラに調整できます。

個別に変形
拡大・縮小　水平方向 70%　垂直方向 70%
移動　水平方向 0 mm　垂直方向 0 mm
回転　角度 20°
オプション　☑オブジェクトの変形　☑パターンの変形　□線幅と効果を拡大・縮小　□角を拡大・縮小　□水平方向に反転　□垂直方向に反転　☑ランダム

ぶらまち　Buramachi Aruki　あるき

ブラシ効果の付いたタイトル文字

文字に対して、塗りや線を追加することでより目立つ文字を作ることができます。さらにブラシ効果を付けることで、より雰囲気のある文字に仕上がります。

【制作・文】 mito

【使用アプリケーション】
Illustrator 2022 | Photoshop

【使用フォント】 ● Futura PT Demi

【制作ポイント】
➜ パターンを登録する
➜ アピアランスより効果の追加を行う

" ——— 文字を配置して塗りと線を追加する ——— "

STEP 01　文字ツールを使い、アートボード上に文字を配置します。ここではフォントに「Futura PT Demi」を使用しています。アピアランスパネルから新規で［塗り］と［線］をテキストに追加します。色は［塗り：R125／G172／B102］(#7da066)、［塗り：R66／G33／B11］(#42210b)、［線：[R66／G33／B11]](#42210b)としています。［塗り］と［線］のレイヤーの並び順もドラッグして調整します。

線をずらす

STEP 02 アピアランスパネルで［線］を選択した状態で、パネルの左下にある［新規効果を追加］から"パスの変形"→"変形…"をクリックします。「変形効果」ダイアログが開くので、［移動］の［水平方向:-4px］、［垂直方向:-2px］を設定し、オプションの［オブジェクトの変形］にチェックを入れて［OK］をクリックすると、線がずれたことが確認できます。

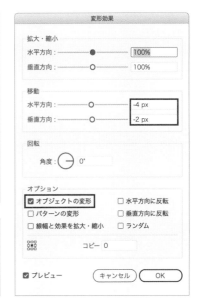

塗りをずらす

STEP 03 先ほどと同じ要領でアピアランスパネル上の一番下の［塗り］に対して変形効果を追加し、今回は［水平方向:5px］、［垂直方向:5px］の移動を設定します。

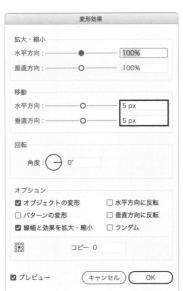

右方向へ移動させます。

❝ ストライプパターンを作成して適用する ❞

STEP 04 ストライプパターンを作成するため、アートボードの外側に［塗り］が［R66／G33／B11］（#42210b）の長方形と、［塗り］も［線］も［なし］の長方形を横にピタッと並べて作成します。作成した長方形2つを選択し、スウォッチパネルにドラッグすることで、スウォッチにパターン登録します。アピアランスパネルを開き、一番下の［塗り］を選択した状態で、スウォッチパネル上にある先ほど作成したパターンをクリックして、パターンを適用させます。

ストライプの大きさを変えるため、塗りがあるほうの横幅を小さくします。

❝ パターンを変形する ❞

STEP 05 適用されたストライプパターンの大きさや角度を変更していきます。アピアランスパネルより先ほどパターンを適用させた［塗り］を選択し、右下の［新規効果を追加］から"パスの変形"→"パス"をクリックします。現在の変形効果ではなく、新たに効果を追加していきます。［新規効果を適用］をクリックし、「変形効果」ダイアログを開きます。［拡大・縮小］の［水平方向：20%］、［垂直方向：20 %］、［回転：-15 °］、［オプション］で［パターンの変形］、［線幅と効果を拡大・縮小］にチェックを入れ、［OK］をクリックします。

“ ━━━━━━ ブラシ効果を追加する ━━━━━━ ”

STEP 06 アピアランスパネルから［線］を選択し、ブラシパネルを開きます。左下のブラシライブラリメニューから"アート"→"アート_木炭・鉛筆"をクリックします。アート_木炭・鉛筆パネルより［鉛筆（細）］をクリックします。

“ ━━━ シェイプに対してもパターンや効果を適用させる ━━━ ”

STEP 07 スターツールでスターを作成し、STEP 02〜STEP 06と同じ操作で線や塗りの変形、パターンや線に対する効果をかけて完成です。

03

ナチュラルな手縫いの刺繍文字

ナチュラル雑貨のお店や、ハンドメイドのお店の雰囲気にぴったりな手縫い風の刺繍の文字です。文字にパスのオフセットを適用して破線のパスを多重に重ねて作成します。

（制作・文） 高野 徹

（使用アプリケーション）

Illustrator 2021 ｜ Photoshop

（使用フォント） ● Gautreaux-Medium

（制作ポイント）

➡ パスのオフセットで線を多重に重ねる

➡ 「ラフ」フィルターで、手縫いのゆらぎを出す

➡ ドロップシャドウで糸に影を付ける

ナチュラル、オーガニック

" ━━━━ ベースとなる文字を用意する ━━━━ "

STEP 01 文字ツールを選択、文字パネルでフォント［Gautreaux-Medium］（Adobe Fonts）を選択、［フォントサイズ：80 pt］に設定して、文字を1行ずつ「Organic」、「Cotton」を入力し、文字が重なるように配置します。

デザインの
ネタ帳

CHAPTER 1

CHAPTER 2

CHAPTER 3

CHAPTER 4

CHAPTER 5

02 書式メニュー→"アウトラインを作成"で文字をアウトライン化し、パスファインダーパネルの［形状モード：合体］をクリックして合成します。

" ——————————— 文字の形状を調整する ——————————— "

03 塗りブラシツールを選択、「Organic」の「O」と「r」の間をブラシでドラッグして文字を繋ぎます。同じく、「i」の点と線もブラシで繋ぎます。

グループ	■ ∨	⊘ ∨	線： ∧∨			━━ 基本 ∨

「O」と「r」を繋げます。

「i」の点と線を繋げます。

質感を加えるためのアピアランスを設定する

STEP 04　コントロールパネルで塗りを［なし］にします。次に、アピアランスパネルのパネルメニュー→"新規線を追加"を選び、線を追加。カラーパネルで線の塗りを［C40／M40／Y50／K0］に設定。線パネルで［線幅：0.6pt］、［丸型線端］、［ラウンド結合］、破線［線分：1pt／間隔：1pt］に変更します。

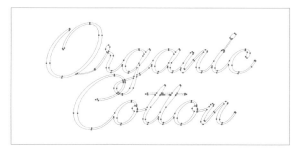

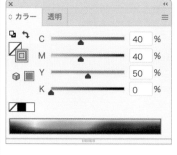

STEP
05 オブジェクトメニュー→ "パス"→ "パスのオフセット…" を［オフセット：
-0.5mm］、［角の形状：ラウンド］で適用します。すべてを選択し、再び
"パスのオフセット" を［オフセット：-0.25mm］、［角の形状：ラウンド］で［OK］
をクリックすることで、文字の内側に多重のパスを配置します。

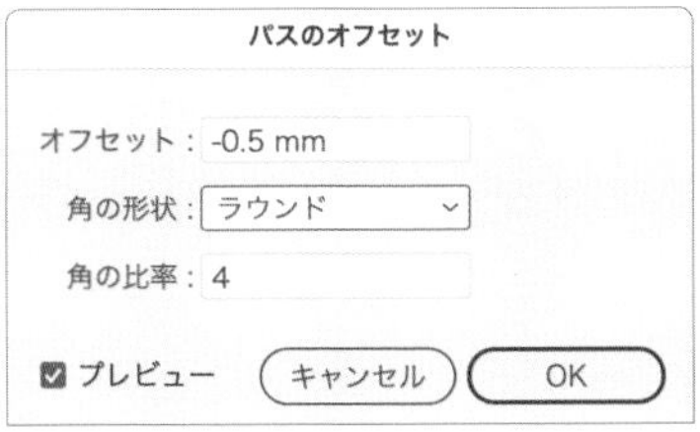

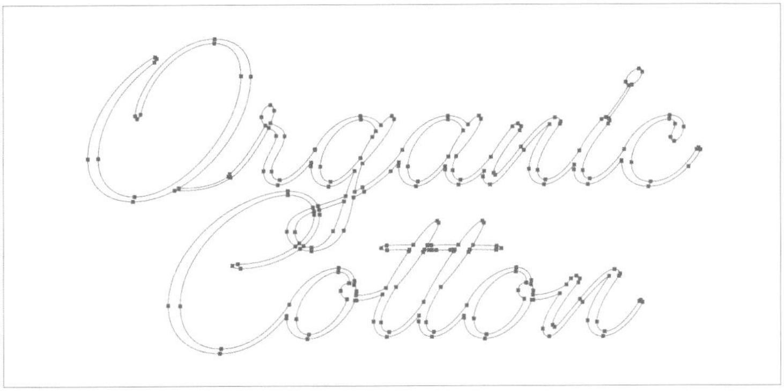

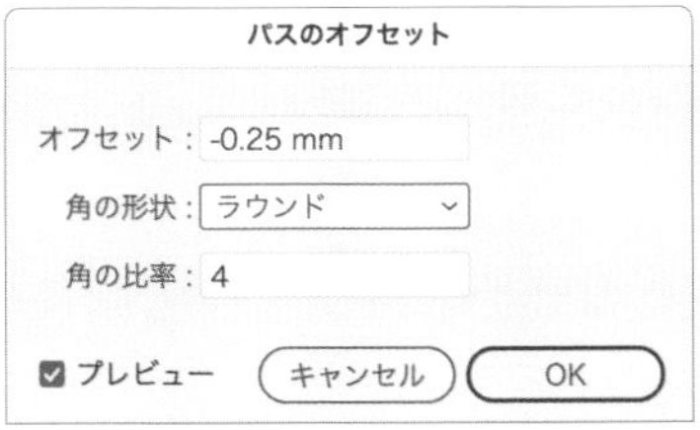

パスのオフセット

オフセット： -0.5 mm

角の形状： ラウンド

角の比率： 4

☑ プレビュー　（ キャンセル ）　（ OK ）

パスのオフセット

オフセット： -0.25 mm

角の形状： ラウンド

角の比率： 4

☑ プレビュー　（ キャンセル ）　（ OK ）

STEP **06** すべてを選択し、アピアランスパネルのパネルメニュー→"新規線を追加"を選び、線を追加します。アピアランスパネルで線の塗りを［線幅：0.2pt］、［白］、［不透明度：50％］に変更します。効果メニュー→"ぼかし"→"ぼかし（ガウス）..."を［半径：0.2pixel］で［OK］をクリックし、線にハイライトを加えます。

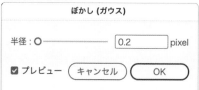

ナチュラル、オーガニック

デザインの
ネタ帳

CHAPTER 1

CHAPTER 2

CHAPTER 3

CHAPTER 4

CHAPTER 5

" ━━━━━━━━━━━ 刺繍の質感を加える ━━━━━━━━━━━ "

STEP 07 すべてを選択し、効果メニュー→"パスの変形"→"ラフ..."を
［サイズ：0.2％］、［パーセント］、［詳細：20/inch］、［ポイント：丸く］で［OK］をクリックし、手縫いの糸風の自然なゆらぎを加えます。

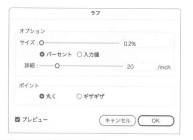

ラフ

オプション

サイズ：○━━━━━━━━━━ 0.2%

　　　●パーセント ○入力値

詳細：○━━━━━━━━━━ 20 /inch

ポイント

　　　●丸く 　○ギザギザ

☑プレビュー　　　（キャンセル）（OK）

STEP 08 最後に効果メニュー→"スタイライズ"→"ドロップシャドウ..."を［描画モード：乗算］、［不透明度：75％］、［X軸オフセット：0.05mm］、［Y軸オフセット：0.05mm］、［ぼかし：0.05mm］で［OK］をクリックすれば完成です。

ドロップシャドウ

描画モード： 乗算 ⌄

不透明度： ↕ 75%

X軸オフセット： ↕ 0.05 mm

Y軸オフセット： ↕ 0.05 mm

ぼかし： ↕ 0.05 mm

　　　●カラー：■ ○濃さ：100%

☑プレビュー　　　（キャンセル）（OK）

MEMO

背景に布のテクスチャを配置すると、よりリアルな雰囲気になります。

レトロなロープ文字

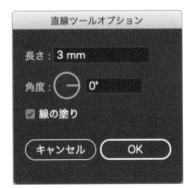

大正モダンの装飾文字にもありそうな、レトロな縄巻き風文字です。アウトライン化した既存フォントをブラシツールで装飾するだけなので、日本語、英字問わず活用できます。タイトルや見出しに使用すると、レトロで暖かみのある雰囲気に仕上がります。

制作・文 　anyan

使用アプリケーション

Illustrator 2022 　|　 Photoshop

使用フォント 　● ヒラギノ丸ゴ ProN W4

制作ポイント

➡ 簡単に作れる縄型オリジナルブラシの制作プロセスから紹介

➡ 線のプロファイル調整でブラシにアナログな「ゆらぎ感」を

➡ ライブコーナーウィジェットを使い、ブラシの折り返し部分の乱れを補正

ナチュラル、オーガニック

" —— ブラシ素材を制作する —— "

STEP 01 　直線ツールを選択し、直線ツールオプションを開いて、[長さ：3mm]、[角度：0°]、[線の塗り] にチェックを入れて、線を作成します。

直線ツールオプション

長さ： 3 mm

角度： 0°

☑ 線の塗り

キャンセル　　OK

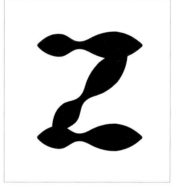

STEP
02
作成した線を選択し、線パネルで［線幅：2pt］に設定します。また［プロファイル］から2つのコブのあるプロファイル（［線幅プロファイル2］）をクリックして適用させます。

STEP
03
作成した線を選択し、option〔Alt〕＋shiftキーを押したままマウスを動かし、同じ線を真下に2本コピーします。真ん中の線を選択し、shiftキーを押しながら45°回転させ、上下の線と結びZ型にします。

—————————— ブラシ素材を登録する ——————————

STEP
04
STEP 01〜STEP 03で制作した素材を選択し、ブラシパネル下部の「＋」ボタンをクリックして、［新規ブラシの種類を選択］から［パターンブラシ］にチェックを入れ、［OK］をクリックします。

新規ブラシ

新規ブラシの種類を選択：
○ カリグラフィブラシ
○ 散布ブラシ
○ アートブラシ
◉ パターンブラシ
○ 絵筆ブラシ

（ キャンセル ）　（ OK ）

STEP 05 詳細設定用のオプションパネルが表示されるので、その中の「外角タイル」❶と「内角タイル」❷にてそれぞれ［自動折り返し］を選択します。自由にブラシカラーの設定が行えるよう、［着色］は［方式：色相のシフト］❸に設定して登録します。

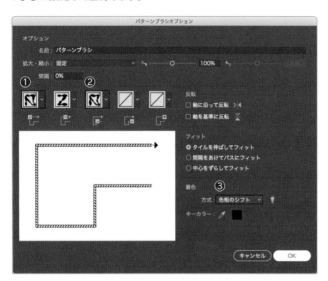

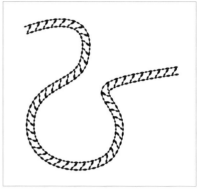

ブラシ見本

" ───── テキストにブラシを適用する ───── "

STEP 06 使用したいフォント（作例は「ヒラギノ丸ゴ ProN W4」）でテキストを入力します。テキストを選択し、右クリックをして［アウトラインを作成］をクリックします。次に先に作成したブラシをブラシパネルの中から選択し、アウトラインに適用させます。

純喫茶 KISSA

> ○　　　　　　　　　　MEMO
>
> ブラシは文字のアウトラインに適用させますが、明朝系などの細い文字や、パスの角が鋭角となる文字ではブラシのコーナー表現が乱れるケースが多くなります。ゴシック系や、中でも丸ゴシック系のフォントは比較的適用が容易です。

— ブラシ適用線を調整する —

STEP 07 カラーはブラシを適用した線のみに適用させると、囲い文字として表現することができます。ブラシの太さは線パネル内の［線幅］にて調整を行います。「Ａ」の文字の上端のように、鋭角な箇所ではブラシの折り返しが外部に飛び出してしまう場合があります。その際には該当の文字をダイレクト選択ツールで選択すると、コーナーポイントの内側に「ライブコーナーウィジェット」（二重丸マーク）が表示されるので、このウィジェットをマウスで選択しながらスライドさせ、コーナーパスの丸みを調整してブラシの折り返しの補正を行います。

ライブコーナーウィジェットでブラシの折り返しの乱れを補正します。

STEP 08 ブラシの太さやコーナーでの乱れ、配色の調整をしたら完成です。

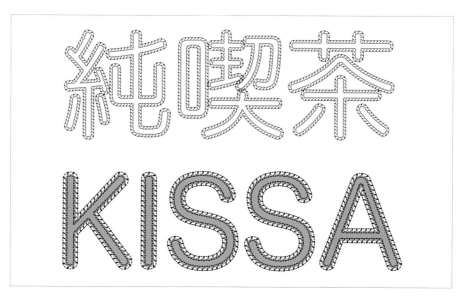

CHAPTER 3 / 05

文字に降り積もる雪

寒い季節、クリスマスに向けてのシーズンプロモーションなどで大活躍する、雪が降り積もった文字のデザインです。雪の描写を重ねていくことで雪景色を描くこともできるので、文字のデザインだけでなく、冬の風景描写にも応用できます。

制作・文 遊佐一弥

制作ポイント

➡ ブラシ設定を活用して手軽に柔らかい表現を再現

➡ 雪のかたまりとなるブラシ設定を複数用意しておくことでランダムな仕上がりに

➡ ここでは全体を雪で覆っているが、一部に積もっている表現や周辺にただよう雪の描写など、幅広く応用が可能

使用フォント ● Open Sans Bold

使用アプリケーション

Illustrator | Photoshop 2022

ナチュラル、オーガニック

" ———————— 準備する ———————— "

STEP 01 文字の形を頼りに描いていくため、ベースとなる文字を配置します。書体選びの際の注意点としては、ボディが細く狭い部分が多いと視認性が悪くなり制作も難しくなります。慣れるまではできるだけ線の太い書体を選ぶとよいでしょう。

STEP 02 下書き文字を用意したら、雪を描く作業用に文字レイヤーの上に作業用の新規レイヤーを追加しておきます。レイヤー名を「snow1」としておきましょう。

❝ ━━━━━━━━━ ブラシを設定する ━━━━━━━━━ ❞

STEP 03 描画カラー設定は［白］にしておきます。［汎用ブラシ］の
［ソフト円形ブラシ］（20px）を選択した状態でブラシ設
定をしていきましょう。ブラシ設定パネルで「ブラシ先端のシェイプ」タ
ブを開いた状態で［直径：30px］、［間隔：100％］とします。これで
柔らかい点線のような状態になりました。

STEP 04 「シェイプ」タブに切り替えると
チェックが入ります。［サイズの
ジッター：50％］としてばらつきが出る
ようにします。

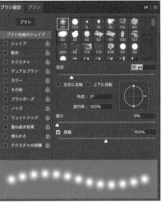

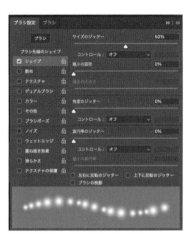

STEP 05 次に「散布」タブに切り替えたら、
［散布］の数値を［200％］～
［300％］程度に、［数］を［2］程度に設定
します。この時点でプレビューの密度はそれ
ほど高くなくて構いませんが、ランダムなブラ
シになってきていると思います。

STEP 06 「その他」タブに切り替えて［不透明度のジッター］を
［100％］とすると奥行き感が出てきます。これで雪
を描くブラシの基本的な設定は完了です。パネル右下の新規ブ
ラシ作成ボタンをクリックすると、今設定したブラシをブラシパ
レットに登録することができます。名称を「snow1」として登録
しておきましょう。

ナチュラル、オーガニック

❝ ━━━━━━━ 雪を描写する ━━━━━━━ ❞

雪の描画用に設定しておいた
レイヤーに、STEP 06で設定
したブラシで文字の上をなぞっていきま
す。まずはうっすらと見える程度で構いま
せんので、文字全体を雪ブラシでなぞっ
ていきましょう。

一通りブラシで描写したら、新規レイヤーを
追加し、レイヤー名を「snow2」としましょ
う。今度はブラシ設定を少し変えましょう。ブラシ先端
で［直径］、［間隔］、［硬さ］などのパラメーターを変
えてみてください。そのほかにも［シェイプ］、［散布］、
［その他］の［不透明度］などで変化をつけましょう。

新しく設定したブラシも新規ブラシとしてパ
レットに「snow2」として登録しておきます。
このブラシで「snow2」レイヤーにまた文字の形に
沿って雪を描いていきます。この要領でレイヤーを増や
しながら雪を重ねていきます。

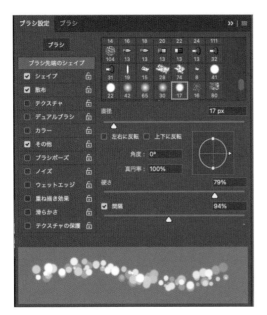

STEP
10 レイヤーを分けておくことであとから多すぎる部分を削ったり、密度の調整を行うためにずらしたり、という作業が可能になります。また、少しグレーを混ぜた雪のレイヤーを作り、レイヤーの［不透明度］を調整して混ぜ込むこと、陰影の付いた雪を表現することができます。ブラシの［不透明度］を変えておくことでもダイレクトに描写のコントロールができるのですが、レイヤーの［不透明度］でコントロールすることで、あとからも調整が可能になるという面で扱いやすいデータ作りが可能になります。

" ——————————————— 完成させる ——————————————— "

STEP
11 文字の上部にも雪が降り積もって見えるよう、レイヤーを追加して雪を乗せていきます。

STEP
12 最後に下書きにしていた文字レイヤーを非表示にして、各レイヤーの［不透明度］を調整します。それぞれレイヤーの［不透明度］を少し下げることで透明感、奥行き感を調整したら完成です。

CHAPTER 1
CHAPTER 2
CHAPTER 3
CHAPTER 4
CHAPTER 5

程よい隙間のあるおしゃれなロゴ

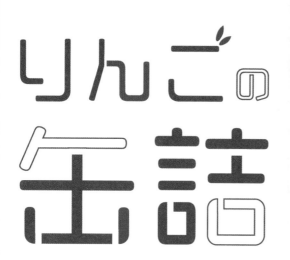

文字に隙間を作り、塗りと線のバランスを
調整することで、抜け感のあるおしゃれな
ロゴ文字を作成できます。

制作・文 mito

制作ポイント

➡ 文字のアウトライン化とパスファインダー
　の使い方

➡ 文字の一部をシェイプに変更

使用フォント ● VDL ギガ丸 M

使用アプリケーション
Illustrator 2022 ｜ Photoshop

ナチュラル、オーガニック

" ━━━━━━━━ 文字を配置してアウトライン化する ━━━━━━━━ "

STEP 01 文字ツールを使い、アートボード上に文字を
配置します。作例のフォントは「 VDL ギガ丸
M 」を使用しています。

STEP 02 文字を選択した状態で、書式メニュー→ " ア
ウトラインを作成 " をクリックし、文字をアウト
ライン化します。

グループ化を解除する

STEP 03 レイヤーパネルを確認すると、アウトライン化された文字がグループ化されていることが確認できます。1つずつ編集したいので、アウトライン化された文字を選択した状態でオブジェクトメニュー→"グループ解除"をクリックし、グループ化を解除します。

プロパティ	レイヤー	CC ライブラリ	≡
👁	∨ 缶詰 レイヤー 1	○ ■	
👁	缶詰 <グループ>		
👁	詰 <複合パス>	◎ ■	
👁	缶 <複合パス>	◎ ■	
👁	の <複合パス>	◎ ■	
👁	ご <複合パス>	◎ ■	
👁	ん <複合パス>	◎ ■	
👁	り <複合パス>	◎ ■	

プロパティ	レイヤー	CC ライブラリ	≡
👁	∨ 缶詰 レイヤー 1	○ ■	
👁	詰 <複合...	○	
👁	缶 <複合...	○	
👁	の <複合...	◎ ■	
👁	ん <複合...	◎ ■	
👁	り <複合...	◎ ■	

文字がグループ化されています。

隙間を作成する

STEP 04 長方形ツールで長方形を作り、隙間を作りたい文字の上に配置します。型抜きするので長方形の色は反映されません。そのため、ここでは何色を設定しても構いません。

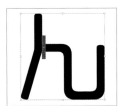

STEP 05 文字と上に配置した長方形を選択し、パスファインダーパネルから［前面オブジェクトで型抜き］をクリックします。1文字ずつ選択し、同じ操作を繰り返します。

文字の一部のシェイプを変更する

STEP 06　「ご」の濁点をダブルクリックし、編集モードで表示させて、deleteキーで削除します。楕円形ツールを持ち、楕円を2つ作成します。それぞれの楕円のバウンディングボックスの角のあたりにカーソルを合わせ、ドラッグすることで角度を変更します。作成した楕円の1つを選択し、アンカーポイントツールに持ち替え、上部の頂点をクリックすることで楕円の角丸を鋭角にします。同じ操作をもう1つの楕円に対しても行います。

文字に色を付ける

STEP 07　文字に色を付けていきます。まずは全体に［線：なし］、［塗り：R233／G37／B4］（#e92504）を設定します。次に部分的に文字を選択し（クリックで部分的な選択ができない場合はダブルクリック）、［塗り：R2／G100／B13］（#02640D）に変えたり、ツールバーより［塗り］と［線］を反転させたりしたら完成です。

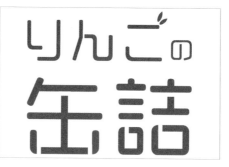
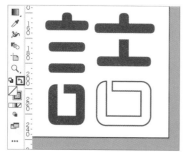
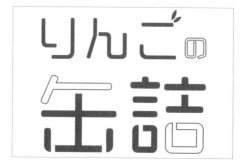

ナチュラル、オーガニック

レトロな印刷で版ズレしたような文字

文字の縁取りと塗りの位置を少しずらして重ねることで、精度の低い印刷で起こる版ズレをシミュレート。ナチュラルな雰囲気のデザインにもマッチする、定番のテクニックです。荒いドットのパターンと、微妙に崩した線を使うことで、レトロな印刷の風合いを再現します。

制作・文	高橋としゆき

使用アプリケーション
Illustrator 2022 ｜ Photoshop

使用フォント ● Brothers OT Bold

制作ポイント

➡ 変形効果を使って塗りと線の位置をずらす＆荒いドットパターンで印刷の雰囲気を演出

➡ 描画モードでインキの重なりを表現

➡ 線の形を崩してレトロな印象を高める

❝ ベースの文字を作る ❞

STEP 01
図の設定で新規ドキュメントを作成します。長方形ツールでドキュメント上をクリックし、[幅：600px]、[高さ：400px]の長方形を作成して、[線：なし]、[塗り：R245／G235／B105]（#F5EB69）に設定します。さらに、オブジェクトメニュー→"ロック"→"選択"をクリックし、この長方形を選択できないようロックをします。

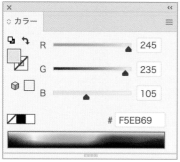

STEP
02

文字ツールを選択し、適当な位置をクリックして「DINNER」と入力します。選択ツールでこの文字オブジェクトを選択し、文字パネルでフォントを「Brothers OT Bold」に、[サイズ：120pt]、[カーニング：メトリクス]、段落パネルで[中央揃え]に設定します。続けて、文字の[線]と[塗り]を両方とも[なし]にしておきます。

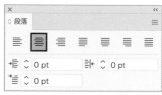

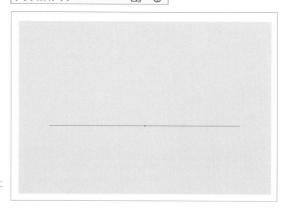

線と塗りを透明の状態にしておきます。

デザインの
ネタ帳

CHAPTER 1
CHAPTER 2
CHAPTER 3
CHAPTER 4
CHAPTER 5

STEP 03 アピアランスパネルで［新規線を追加］をクリックし、新しい［線］と［塗り］を追加します。［線幅：3pt］、［線：R20／G130／B170］（#1482AA）、［塗り：白］に設定し、線パネルで［角の形状：ラウンド結合］にします。この文字を長方形の中央へ移動すれば、ベースの文字は完成です。

文字にドットのパターンを追加する

STEP 04 今回、ドットのパターンに使うパーツはあらかじめ用意してあるものを使います。素材ファイル「pattern.ai」を開き、すべてを選択してコピーしたら、作業用のドキュメントに戻りペーストします。ペーストしたパーツをすべて選択し、スウォッチパネルへドラッグ＆ドロップします。これで、パターンとして使える状態になりました。いったんパターンとして登録すれば、ドキュメント上のドットのパーツは使わないので削除しても大丈夫です。

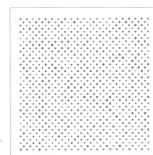

このパーツをスウォッチパネルへ
ドラッグ＆ドロップ。

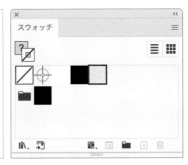

STEP
05
文字を選択した状態でアピアランスパネルを開き、[塗り]の項目を選択してから[選択した項目を複製]をクリックして[塗り]を増やします。2つあるうち上側の[塗り]の項目の右にあるボックスをクリックしてスウォッチパネルを開き、先ほど登録したドットのパターンを選択します。

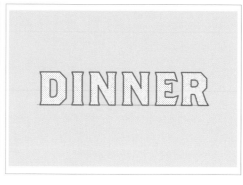

[塗り]にパターンを適用。

" ─── 版ズレ風に加工する ─── "

STEP
06
アピアランスパネルで[線]の項目を選択します。効果メニュー→"パスの変形"→"変形..."をクリックし、[移動]を[水平方向：-4px]、[垂直方向：-4px]として[OK]をクリックします。

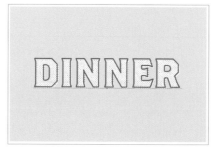
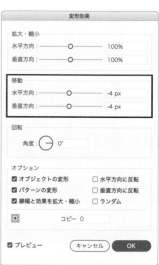

移動効果で線のみを左上方向へずらします。

ナチュラル・オーガニック

STEP **07** 続けて、アピアランスパネルの［線］の項目の中にある［不透明度］の文字をクリックして透明パネルを開き、［描画モード：乗算］に変更します。文字オブジェクト全体の［不透明度］（パネルの一番下にある［不透明度］）ではないので注意しましょう。

アピアランスパネルで［線］の中身が隠れている（［不透明度］の項目が表示されていない）ときは、項目の左にあるくの字アイコンをクリックして内容を展開します。

STEP **08** アピアランスパネルの一番上にある［テキスト］の項目をクリックして選択し、効果メニュー→"パスの変形"→"ラフ..."をクリックし、［サイズ：0.5％］、［詳細：30/inch］、［ポイント：ギザギザ］に設定すれば完成です。作例では、上部に円弧の形のパスに沿って「TODAY'S」というパス上文字を配置しました。

文字の形をラフに崩します。

文字を添えて完成。

マップのような陸と海模様の文字

陸と海で色分けされた地図イメージの文字です。地球やエコをテーマとしたタイトルにおすすめです。ロゴを作成後にも簡単に模様を変化させることができます。

制作・文　高野 徹

制作ポイント

➡ 文字を入力し、「雲模様2」を適用する

➡ 雲模様を2階調化する

➡ 描画色と背景色を設定し、スタンプフィルターを適用する

使用フォント　● Atten Round New-ExtraBold

使用アプリケーション

Illustrator　|　Photoshop 2022

ナチュラル、オーガニック

" ━━━━━━━ ベースとなる文字を用意する ━━━━━━━ "

STEP
01

ファイルメニュー→"新規…"で［幅：150mm］、［高さ：100mm］、［解像度：350ピクセル／インチ］、［RGBカラー］で［OK］をクリックし、新規書類を作成します。文字ツールでドキュメントウィンドウをクリックして文字を入力します。

下行の「map」の部分は水平、垂直比率を［60％］に設定。

［フォント：Atten Round New-ExtraBold］（Adobe Fonts）、［フォントサイズ：250pt］、［行送り：80pt］、［トラッキング：-25］に設定。

デザイン®
ネタ帳

CHAPTER 1
CHAPTER 2
CHAPTER 3
CHAPTER 4
CHAPTER 5

" ━━━━━━━━━ 文字に雲の模様を加える ━━━━━━━━━ "

STEP
02 フィルターメニュー→"描画"→"雲模様2"を選択すると、表示されるア
ラート画面で［スマートオブジェクトに変換］をクリックして、文字に雲模
様を適用します。

○   M E M O

描画色および背景色は初期設定でフィルターを適用してください。ツールパネルの［描画色と
背景色を初期設定に戻す］をクリックします。

STEP
03 イメージメニュー→"色調補正"→"2階調化…"を選択、［2階調化す
る境界のしきい値：128］で［OK］をクリックします。

雲の模様が2階調化されました。

地図のように着色する

STEP 04　カラーパネルで描画色を陸の色［R30 ／G135／B59］、背景色を海の色［R133 ／G215／B238］に設定します。フィルターメニュー→"フィルターギャラリー…"を選択します。ダイアログで［スケッチ］→［スタンプ］フィルターを選択し、［明るさ・暗さのバランス：6］、［滑らかさ：3］で［OK］をクリックします。

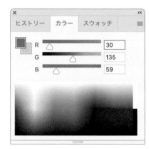

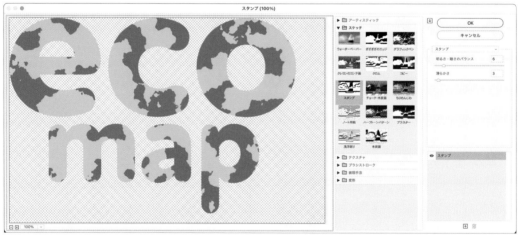

世界地図っぽくなりました。

STEP
05
レイヤーパネルで［レイヤースタイル］をクリックし、［境界線...］を選択して、ダイアログで［サイズ：5px ］、［カラー：R30 ／G135／B59（描画色）］に設定し［ OK］をクリックします。これで完成です。

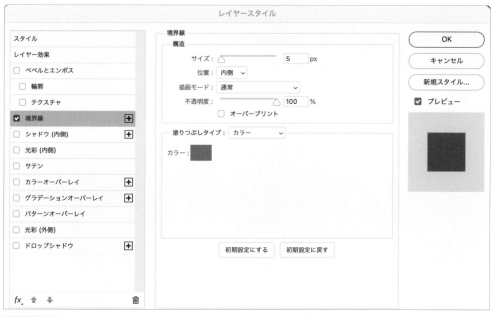

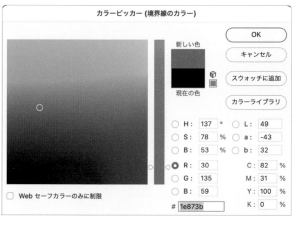

○　　　　　　　　　　　　　　　　　　　　　　　　　　　　　　　　　MEMO

レイヤーパネルの「雲模様2」の部分をダブルクリックし、表示されるダイアログで［OK］をクリックするだけで、陸と海の模様がランダムに変化します。気に入ったバランスになるまで、ダブルクリックを繰り返してみましょう。

― VARIATION ―

牛模様のロゴ

STEP 04の描画色と背景色を、初期設定のままで［スケッチ］→［スタンプ］フィルターを［明るさ・暗さのバランス：6］、［滑らかさ：25］で適用します。

さらにフィルターギャラリーの新しいエフェクトギャラリー［＋］ボタンをクリックします。［スケッチ］→［チョーク・木炭画］フィルターを選択し、［木炭画の適用度：6］、［チョークの適用度：6］、［筆圧：1］で［OK］をクリックします。

レイヤーパネルにある［レイヤースタイル］をクリック、"境界線…"を選択して、ダイアログで［サイズ：5px］、［カラー：R0／G0／B0（描画色）］に設定し、［OK］をクリックします。これで完成です。

華やかなフローラルタイポグラフィ

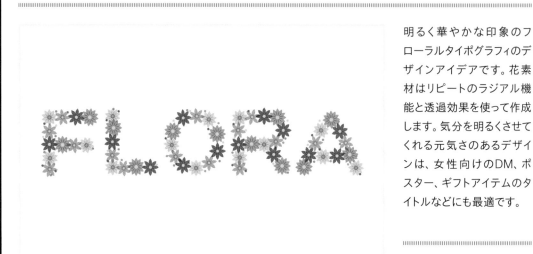

明るく華やかな印象のフローラルタイポグラフィのデザインアイデアです。花素材はリピートのラジアル機能と透過効果を使って作成します。気分を明るくさせてくれる元気さのあるデザインは、女性向けのDM、ポスター、ギフトアイテムのタイトルなどにも最適です。

ナチュラル、オーガニック

| 制作・文 | anyan |

使用アプリケーション

Illustrator 2022 | Photoshop

使用フォント ● DFG極太丸ゴシック体

制作ポイント

➡ リピート・ラジアル機能を利用し、少ないパーツからでも自在にバリエーションを展開

➡ 乗算効果を利用して、花びらの透明感を表現する

➡ スウォッチにカラーを登録しておけば、配色の調整や変更も簡単

" ━━━━ カラーとパーツを準備する ━━━━ "

STEP 01 配色に使用するカラー（作例では5色）をあらかじめスウォッチに登録しておきます。

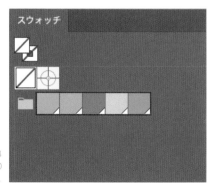
スウォッチ

ここでは、左から［C52／M18／Y0／K0］、［C0／M54／Y18／K0］、［C9／M69／Y85／K13］、［C5／M20／Y75／K0］、［C62／M18／Y100／K0］としています。

CHAPTER 1
CHAPTER 2
CHAPTER 3
CHAPTER 4
CHAPTER 5

STEP
02
楕円形ツールを選択し、正
円、楕円パーツを作成しま
す。これを花用の素材とします。

STEP
03
楕円パーツは上部の頂点(アンカーポイント)をcommand〔Ctrl〕キーを押しな
がら選択ツールでクリックして選択し、画面上部のコントロールパネルの[アンカー
ポイント]の[変換]から[選択したアンカーをコーナーポイントに切り換え]をクリックして、
上端が尖った形を作成します。これを花びら用のパーツとします。さらに、このパーツはあら
かじめ透明パネルで[描画モード:乗算]に設定しておきます。これにより、この先の作業で
花びらが重なる部分を掛け合わせ色に変化させて表現することが可能になります。

画面上部のコントロールパネルが表示され
ていない場合は、ウィンドウメニュー→"コン
トロール"を選択して表示させます。

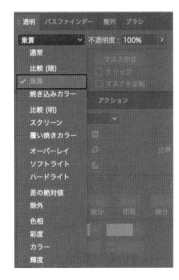

― 花のパーツを展開する ―

STEP **04**　STEP 03の花びらパーツを選択し、オブジェクトメニュー→ "リピート "→ "ラジアル "をクリックします。モチーフが自動的にラジアル（放射状）に展開します。該当のオブジェクトを選択している間は画面上部にリピートラジアル調整ツールが表示されるので、[インスタンス数]（リピート数）❶と[中心点からの距離]（半径）❷を調整しながら、花の形状を調整します。

枚数7枚

STEP **05**　STEP 03の花をコピーし、別の[インスタンス数]（リピート数）の設定でバリエーションを作成します。

枚数8枚

枚数10枚

枚数12枚

花のカラーを展開する

STEP **06**　制作した花の素材に、プリセットしてあるスウォッチからカラーを振り分け
ていきます。正円パーツは花の中央に配置し、花びらの色と重なるように
［重ね順］を［背面へ］に設定、花びらパーツとともにグループ化しておきます。そ
のほかに、5色分の正円パーツも準備しておきます。

文字に花を配置する

STEP **07**　ここではまず、パーツの配置作業がしやすいように、素
材を制作したレイヤーの下に「ガイド用」レイヤーを追
加します。花素材パーツを使って文字へと組み立てていきます
が、配置のガイドには線の幅が均一なゴシック系フォントが適し
ているので、作例では「DFG極太丸ゴシック体」を使用します。
「ガイド用」レイヤーに文字を入力したら、アウトラインのみカ
ラーを設定します。パーツの配置作業の際に間違えて動かしてし
まわないように、このレイヤーにはロックをかけておきます。

STEP
08 花や正円の素材を文字の近くに配置し、コピーしながらガイド文字の上に配置していきます。バランスを見ながら花を大まかに配置し、隙間に細かな正円のパーツを埋め込みます。「ガイド用」レイヤーの表示／非表示を切り替えてガイドのない状態も随時確認しつつ、バランスが整ったところで完成です。

ナチュラル、オーガニック

MEMO

あらかじめ登録したスウォッチから素材に配色を行っておくと、完成後も該当色を一括で変更できて便利です。カラーの調整やバリエーション展開をしたいときは、スウォッチパネルから該当のカラーをダブルクリックし、表示されるスウォッチオプションパネルから設定します。

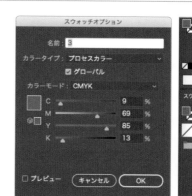

CHAPTER

4

ポップ

光るネオン管の文字

「夜」のイメージもありながら、ポップさも兼ね備えたネオン風文字です。遅い時間帯まで営業している飲食店やバーなどのポップや広告に使えます。

制作・文　佐々木拓人

制作ポイント

➡ 不必要なパスを消去する

➡ ハイライトの白線を使う

➡ 発光している感じを出すために、2段階のぼかしをかける

➡ バックに配置するグラデーション背景を設定する

使用フォント　● DFP行書体

使用アプリケーション

Illustrator 2022　｜　Photoshop

> 文字を配置する

STEP 01　横書き文字ツールを選択し、アートボード上に文字を配置します。フォントは「DFP行書体」、[フォントサイズ：70pt]に設定します。今回はスミの塗り色で「幸」と入力し、[塗り：なし]、[塗り：黒]、[線幅：0.353mm]に設定します。

" ━━━━━━━━━━ 不要なパスを消去する ━━━━━━━━━━ "

STEP 02 文字のアウトラインをとったら、ネオンっぽくなるようにイメージしながら、はさみツール、ペンツールを使用し不要なパスを消去していきます。角周りのパスを中心に、最終的に右側のように仕上げていきます。

" ━━━━━━━━━━ 文字の色を調整する ━━━━━━━━━━ "

STEP 03 カラーツールを選択し、カラーの値を［C70／M15／Y0／K0］に設定します。［線］を選択し［線幅：0.5mm］に設定します。

" ━━━━━━━━━━ 文字の色を調整して輪郭をぼかす ━━━━━━━━━━ "

STEP 04 文字レイヤーをコピーして前面にペーストします。線色のカラーツールを選択し［C0／M0／Y0／K0］に設定します。［線］を選択して［線幅：0.1mm］に設定し、［ぼかし（ガウス）］を選択して［半径：1pixel］に設定します。続けて、若干左上に移動します。

“ ━━━━━━━━━━━ 別の文字の輪郭をぼかす ━━━━━━━━━━━ ”

STEP
05 文字レイヤーを背面にペーストし、［ぼかし（ガウス）］を選択して［半径：2pixel］に設定します。

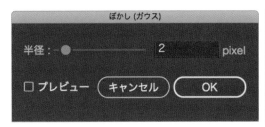

“ ━━━━━━━━━━━ 再度、別の文字の輪郭をぼかす ━━━━━━━━━━━ ”

STEP
06 再度、文字レイヤーを背面にペーストし、［ぼかし（ガウス）］を選択して［半径：5pixel］に設定します。

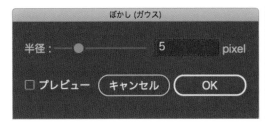

“ ━━━━━━━━━━━ 背景を準備する ━━━━━━━━━━━ ”

STEP
07 好きな形に矩形を作成し、［カラー］を選択して［C48／M0／Y0／K65］と［C73／M42／Y0／K100］に設定し、グラデーションを作成し適用します。

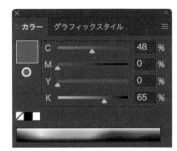
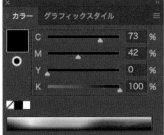

デザインの
ネタ帳

CHAPTER 1
CHAPTER 2
CHAPTER 3
CHAPTER 4
CHAPTER 5

背景に文字を配置する

STEP 08 背景の上に文字を配置したら完成です。

○ MEMO

ネオンっぽさを出すには不要なパスの消去がポイントです。実際のネオン管の画像なども参考にしながらリアリティを追求してみましょう。

VARIATION
簡単に色を変更

色の変更も簡単なのでいろいろ試してみましょう。黄色もポップさが増していい感じに仕上がります。

ナイトマーケットの店先に光る看板文字

台湾の街角の果物屋の軒先に、実際に設置しているように発光式看板を作成してはめこんでいます。発光している文字はいろいろな場面で活躍してくれそうです。スチール製の背面が発光するタイプのような表現にも応用可能です。

制作・文 　遊佐一弥

制作ポイント

➡ 「レイヤー効果」、「スマートオブジェクト」を使用することで、フォント情報を失うことなくあとから文字の変更が可能

➡ ぼかし（移動）で写真の中にあるかのようなリアルな表現

➡ 描画モードを使いこなして、光と陰影の表現をより自然に

使用フォント ● Rosewood Std Fill

使用アプリケーション

Illustrator ｜ Photoshop 2022

" ━━━━━━━━━━ 準備する ━━━━━━━━━━ "

STEP 01 背景写真を用意して、看板の比率に合わせて長方形ツールなどでベースを作成します。文字ツールでテキストを入力し、フォントを設定します。書体は発光部分がしっかり見えるように太めのものがおすすめです。

ポップ

STEP
02 看板の背景となる長方形レイヤーには［グラデーションオーバーレイ］、
［パターンオーバーレイ］を設定しています。［パターンオーバーレイ］で
の設定は［描画モード：比較（明）］、［不透明度：20％］、［パターン］を［摩耗
性テクスチャ：でこぼこ］としています。

"———————— 文字に光彩効果を加える ————————"

STEP
03 文字のレイヤー効果を追加します。［境界線］、［ドロップシャドウ］は看板
の形状（フチ／高さ）の部分にあたります。各数値を調整することで好み
の大きさ、広がりを作ってください。

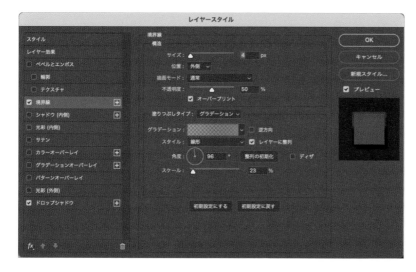

STEP
04
［境界線］は［グラデーション］、［ドロップシャドウ］は［不透明度］を
［80％］とすることで仕上がりがフラットになりすぎないようにしています。

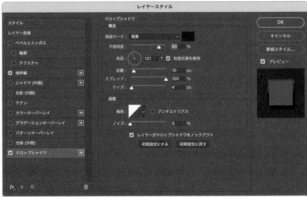

STEP
05
［カラーオーバーレイ］と［光彩
（内側）］で光の色を決めます。
［カラーオーバーレイ］は［不透明度：
25％］として薄い黄色に設定し、［光彩（内
側）］の設定は［R255／G249／B79］
の黄色い光にしました。白い文字の上に乗
せているので、［描画モード：通常］のまま
で構いません。

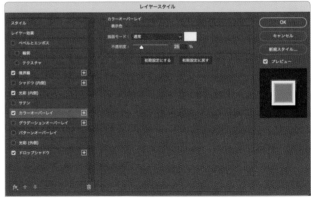

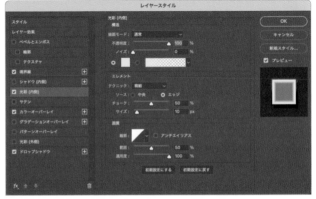

STEP
06 ［光彩（外側）］で周りに広がる光を表現します。ここでは暗い背景の上
への描写なので［描画モード］を［比較（明）］にしています。

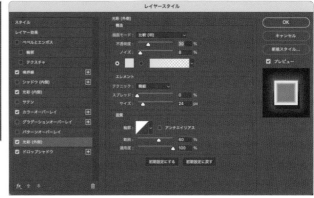

" ——————————— 文字を変形する ——————————— "

STEP
07 文字レイヤーと長方形レイヤーを同時に選択し
た状態（shift＋クリック）で、レイヤーパネルオ
プションボタン（またはcommand〔Ctrl〕＋クリック）
から「スマートオブジェクトに変換」を行います（レイヤー
グループ化した上でスマートオブジェクトに変換でも構
いません）。スマートオブジェクト化することで看板の形
状となる長方形と文字を1つのオブジェクトとして扱うこ
とが可能になり、さらにこのあと、ぼかしエフェクトを適用
してもフォント情報を失うことなく、あとからテキスト編集
ができるデータ作りが可能になります。

STEP
08　これ以降はスマートオブジェクトに対して、処理を行います。"編集"→"自由変形"（または移動ツール）を利用して背景の写真に合うように変形します。command〔Ctrl〕キーを押しながらバウンディングボックスの各コーナーを個別に変形することで、傾きや角度の調整が可能です。スマートオブジェクトの下に看板のシェイプマスクを利用して同じ形状の新規調整レイヤーを追加します（写真で写っている看板の文字を隠すのが目的です）。

STEP
09　次に、フィルターメニュー→"ぼかし"→"ぼかし（移動）"を適用します。背景写真は暗い場所で撮った手ブレ写真なので、このブレに合わせて調整します。角度や距離を調整してください。写真の状態によっては［ぼかし（ガウス）］を併用してもよいかもしれません。

仕上げを行う

STEP 10 最後に、天井の蛍光灯からの照明の反射光を追加します。文字レイヤーの上に新規レイヤーを作成し、ブラシツールのソフト円ブラシで設定を[直径：300px]、[硬さ：0%]とします。塗りカラーを[白]に設定してクリックし、ぼかし円を描きます。移動ツールに切り替えて蛍光灯の照明が当たる部分に移動し、横長になるように変形させます。文字や長方形などのカラー、グラデーションなどの設定やレイヤーの不透明度、レイヤーモードなどを調整して完成です。

VARIATION

バックライトのような光り方を表現

文字レイヤーの[光彩（内側）]や[光彩（外側）]などの設定を調整することで、文字の形自体は発光せず、背面が発光している看板のような描写も可能です。

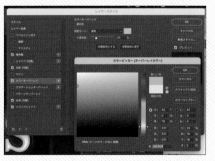

アナログなハンコ風の文字

短い一文をハンコ風に加工することで、テキストだけでは伝わらない温かみのあるメッセージへと簡単に変換できます。あらゆるものがデジタル化されている今だからこその、面白みがあります。

ポップ

制作・文　佐々木拓人

使用アプリケーション

Illustrator 2022　｜　Photoshop

使用フォント　● A P-OTF A1ゴシック Std

制作ポイント

➡ パスの変形とラフを効果的に使用する

➡ ペンツールでハンコ風のあしらいを作成する

➡ アピアランスの分割と拡張を効果的に使用する

➡ 気分によって簡単に色を変更できる仕様にする

" ━━━━━━━━━━ 文字を配置する ━━━━━━━━━━ "

STEP
01
横書き文字ツールを選択し、アートボード上に文字を配置します。フォントは「A P-OTF A1ゴシック Std」、[フォントサイズ：40pt]に設定し、「了解ですっ」と入力します。塗り・線ともに色は黒に設定し、[線幅：0.353mm]に設定します。

ラフを適用する

STEP 02 文字レイヤーをアウトライン化し、グループを解除します。すべてを選択し、ラフツールを選択して［サイズ：0.3mm］、［詳細：15/inch］に設定してラフを適用します。

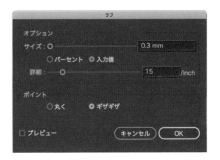

パーツを描く

STEP 03 ペンツールで文字の周りにパーツを描いていきます。ハンコを押した際にできる押し跡をイメージしつつ、細かいことはあまり気にせず進めて問題ありません。最終的に右側のようになるまで進めていきます。

分割・拡張する

STEP 04 すべてを選択し、オブジェクトメニュー→"アピアランスを分割"をクリックします。［分割・拡張］を選択して［塗り］と［線］にチェックを付けます。すべてを選択しパスファインダーパネルで［合体］に設定しておきます。

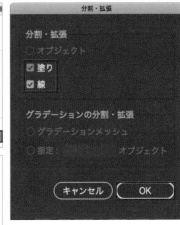

" ──────── 文字をぎざぎざにする ──────── "

> **STEP 05**　スケッチツールを選択し、[ぎざぎざのエッジ]の値を、[画像のバランス：50]、[滑らかさ：15]、[コントラスト：21]に設定します。

ポップ

" ──────── ラスタライズを実行する ──────── "

> **STEP 06**　効果メニュー→"ラスタライズ..."を選択、[カラーモード：グレースケール]、[解像度：その他：350ppi]、[背景：ホワイト]、[アンチエイリアス：アートに最適(スーパーサンプリング)]の設定でラスタライズを実行し、画像化します。塗りのカラーの値を[C0／M100／Y80／K18]に設定します。

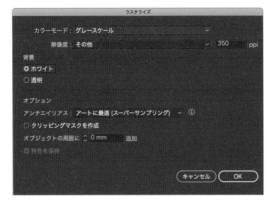

MEMO

今回はゴシック体で作成しましたが、明朝体のボールドで作成しても面白いでしょう。

VARIATION

色を変更して重ねる

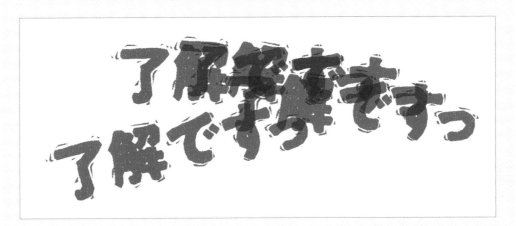

色を青に変更し、複製しています。[透明：乗算] にして重ねると、ハンコを何度も押したような感じが出るため、デザイン素材として面白いものができます。

80's風レトロポップな文字

部分的に途切れた縁取りとカラフルな配色で仕上げる、80年代風のレトロポップな文字。ランダムな値を設定した破線で途切れた縁取りのストロークを実現します。また、文字の周囲の枠はアピアランスを用いることで、簡単なサイズ変更に対応させます。

制作・文	高橋としゆき
使用アプリケーション	
Illustrator 2022	Photoshop
使用フォント	● RooneySans Black

制作ポイント

➡ ランダムな破線で途切れたストロークを表現

➡ カラフルな配色でポップなイメージに

➡ 枠をアピランスで作ってサイズ変更を容易に

ポップ

" ━━━━━━━━━ ベースの文字と枠を作る ━━━━━━━━━ "

STEP 01 フォントを「RooneySans Black」に設定し、[サイズ：80pt]、[カーニング：メトリクス]で「Colorful」という文字を作成します。

Colorful

STEP
02 線パネルで［線幅：2pt］、［線端：丸型線端］、［角の形状：マイター結合］、
［比率：10］、［線の位置：線を中央に揃える］、［破線］にチェックを入
れ、［線分と間隔の正確な長さを保持］を指定して、［線分］と［間隔］を［40pt／
5pt／10pt／5pt／25pt／5pt］に設定します。カラーを［塗り：R255／G85／
B160］（#FF55A0）、［線：R50／G50／B75］（#32324B）に設定します。

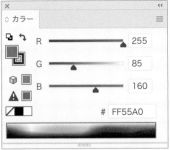
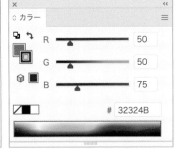

STEP
03 長方形ツールでドラッグして文字よりひとまわり大きい長方形を作成し、効
果メニュー→"スタイライズ"→"角を丸くする..."をクリックし、［半径：
10px］に設定します。続いて、オブジェクトメニュー→"重ね順"→"最背面へ"をク
リックして背面に送ります。

長方形の角を丸くして文字の
背面に送ります。

STEP
04
長方形を選択した状態で、アピアランスパネルの
［新規塗りを追加］と［新規線を追加］を1回ずつ
クリックし、線と塗りを2つにします。項目をドラッグして順番を
入れ替え、上から［線］［塗り］［線］［塗り］の並びにします。
今後の手順では、それぞれの項目を図のように呼ぶことにします。

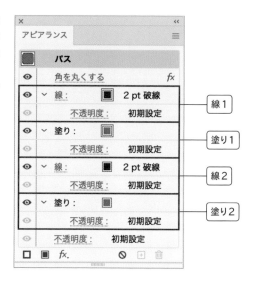

線1
塗り1
線2
塗り2

STEP
05
［塗り1］を［R255／G245
／B100］（#FFF564）、
［塗り2］を［R115／G85／B230］
（#7355E6）に設定します。［線1］
と［線2］は、最初に文字に設定した
線と同じにしておきましょう。

ポップ

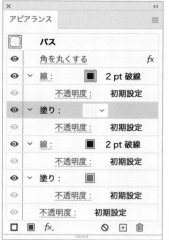
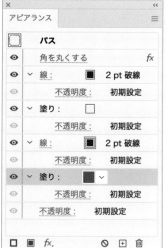

デザイン
ネタ帳

CHAPTER 1

CHAPTER 2

CHAPTER 3

CHAPTER 4

CHAPTER 5

STEP 06 ［線2］を選択し、効果メニュー→"パス"→"パスのオフセット…"をクリックして、［オフセット：16px］に設定します。続けて［塗り2］を選択し、同じく効果メニュー→"パス"→"パスのオフセット…"をクリックして、［オフセット：16px］に設定します。

［線2］と［塗り2］をオフセットで拡張します。

ドットパターンのシャドウを追加する

STEP 07 今回ドットパターンに用いるパーツは、あらかじめ用意してあるデータを使います。「pattern.ai」のファイルを開いてすべてを選択してコピーし、作業用のドキュメントに戻りペーストします。ペーストしたパーツをすべて選択し、スウォッチパネルへドラッグ＆ドロップします。これで、パターンとして使える状態になりました。

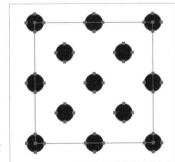

ドットパターンをスウォッチとして登録します。

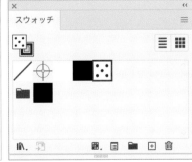

STEP
08
［塗り2］を選択した状態で、［選択した項目を複製］をクリックします。2つになった［塗り2］のうち下の［塗り］を選択し、スウォッチパネルからSTEP 07で登録したドットのパターンを選択します。

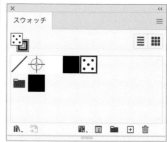

STEP
09
続けて、効果メニュー→"パスの変形"→"変形..."をクリックし、［移動］を［水平方向：14px］、［垂直方向：14px］に設定します。

ドットパターンを適用したあと
右下にずらします。

ポップ

STEP
10 文字と枠のセットを複製し、文
字を「Sweets」に書き換えま
す。文字の幅が変わったため、それに合
わせて枠の幅も調整しましょう。枠の長
方形を選択し、自由変形ツールに切り替
えます。長方形の四隅と四辺にハンドル
が表示されるので、右辺のハンドルをド
ラッグして大きさを調整します。

自由変形ツールのハンドルで
大きさを調整します。

○   MEMO

変形する前に、変形パネルの［角を拡大・縮小］と［線幅と効果を拡大・縮小］をオフにし、さらにパネルメニュー
から［オブジェクトのみ変形］を選択しておくと、線幅やパターンの大きさなどを維持したまま変形ができます。

STEP
11 ［R255／G85／
B160］（#FF55A0）
の背景色の上にそれぞれを重
ねて配置すれば完成です。周
囲に三角形などの幾何学模様
をランダムな角度や大きさで配
置すれば、より雰囲気が高まり
ます。

ポップな電飾看板風のロゴ

カラフルでポップな、電飾看板風のロゴを作成しましょう。3D効果ではなく、ブレンドを使うことで、文字を立体的に表現します。

制作・文　高野 徹

使用アプリケーション
Illustrator 2021　｜　Photoshop

使用フォント　● Factoria-Black

制作ポイント
➡ ブレンドで文字を立体的に
➡ 不透明マスクを使って文字の表面も立体的に表現
➡ 円形グラデーションの円を文字の上に並べる

" ベースとなる文字を用意する "

STEP 01　文字ツールを選択、文字パネルでフォントに［Factoria-Black］（Adobe Fonts）を選択し、［フォントサイズ：150pt］に設定して、文字「CIRCUS」を入力します。カラーパネルで線の塗りを［C100／M80／Y0／K0］に設定。線ツールで［線幅：1pt］、［角の形状：ラウンド結合］にします。

文字　段落　OpenType
Factoria Black
Black
150 pt　(262.5 p)
100%　100%
0　0
グリフにスナップ

線　グラデーション
線幅：1 pt
線端：
角の形状：　比率：
線の位置：
破線
0pt 0pt 0pt 0pt 0pt 0pt
線分 間隔 線分 間隔 線分 間隔

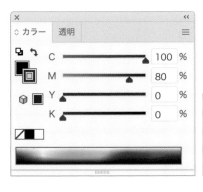

デザインの
ネタ帳

CHAPTER 1

CHAPTER 2

CHAPTER 3

CHAPTER 4

CHAPTER 5

STEP
02 文字ツールで一文字ずつドラッグ選択して、カラーパネルで塗りをカラフ
ルに色付けします。

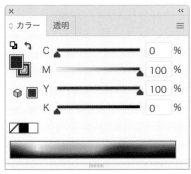 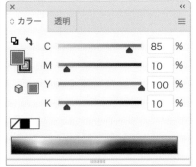

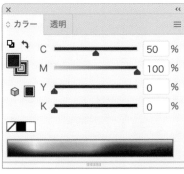 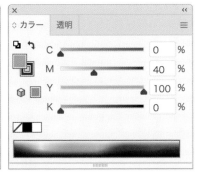

赤［C0／M100／Y100／K0］、 緑［C85／M10
／Y100／K10］、紫［C50／M100／Y0／K0］、黄
［C0／M40／Y100／K0］に設定。

"" ━━━━━━━━━ 文字を立体にする ━━━━━━━━━ ""

STEP 03 ツールバーの選択ツールをダブルクリックして、「移動」ダイアログを開き、［水平方向：-5mm］、［垂直方向：-5mm］で［コピー］をクリックして複製、カラーパネルで線の塗りを［C100／M95／Y0／K60］に設定します。ここでのちの工程のために、編集メニュー→"コピー"を適用しておきます。

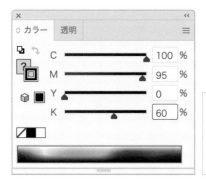

STEP 04 複製元の文字も同時に選択し、オブジェクトメニュー→"ブレンド"→"ブレンドオプション..."で［ステップ数：100］に設定し、オブジェクトメニュー→"ブレンド"→"作成"を適用することで文字に立体感を出します。

デザインの
ネタ帳

CHAPTER 1

CHAPTER 2

CHAPTER 3

CHAPTER 4

CHAPTER 5

" ——————————— 文字の表面を凹ませる ——————————— "

STEP 05 STEP 03でコピーした文字を、編集メニュー→"前面へペースト"でペーストし、塗りを［なし］、線の塗りを［C0／M0／Y0／K100］に設定します。ツールバーの選択ツールをダブルクリックして、「移動」ダイアログを開き、［水平方向：2mm］、［垂直方向：2mm］で［コピー］をクリックして複製します。線の塗りを［C0／M0／Y0／K50］に設定し、オブジェクトメニュー→"重ね順"→"背面へ"を適用します。

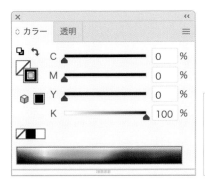

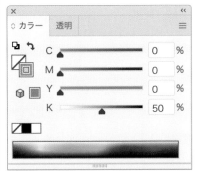

STEP 06　複製元の文字も同時に選択し、オブジェクトメニュー→"ブレンド"→"作成"を適用します。透明パネルで［描画モード：乗算］、［不透明度：50％］に設定します。

STEP 07　透明パネルで、［マスク作成］のボタンをクリックします。右の不透明マスクサムネイルをクリックして選択し、STEP 03でコピーした文字を、編集メニュー→"前面へペースト"でペーストし、塗りを［白］、線の塗りを［C0／M0／Y0／K100］に設定したら、透明パネルの左のサムネイルをクリックします。

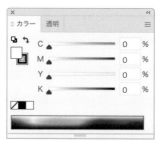

MEMO

透明パネルの不透明マスクサムネイルを選択した状態では、マスクの編集しかできないので、編集が終わったら必ずの左サムネイルをクリックして、通常の作業に戻りましょう。

ポップ

━━ 電飾を作る ━━

STEP 08
最後に文字の表面の電飾を作成します。楕円形ツールでアートボードをクリックし、[幅：3mm]、[高さ：3mm]で[OK]をクリックして正円を描き、塗りを円形グラデーションにします。グラデーションパネルで開始色分岐点[位置：30％][白]、中間色分岐点[位置：80％][C0／M0／Y30／K10]、終了色分岐点[位置：100％][白]に設定します。効果メニュー→"スタイライズ"→"ドロップシャドウ…"を[描画モード：乗算]、[不透明度：30％]、[X軸オフセット：0.8mm]、[Y軸オフセット：0.8mm]、[ぼかし：0.3mm]で適用します。この円をoption［Alt］キーを押しながらドラッグして、文字の上にバランスよく複製すれば完成です。

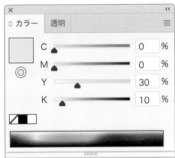

電球らしく、この数値で設定しています。

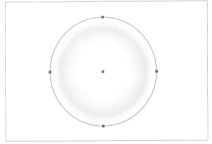

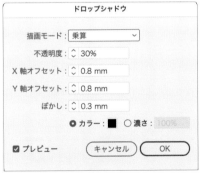

引き伸ばしたような文字のデザイン

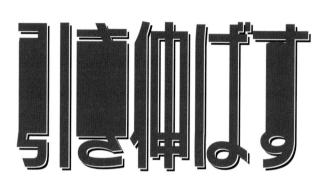

見たときの面白さを感じる文字のデザインで、ポスター、DM、チラシ、Web、など、幅広い媒体で使用できます。「期間延長SALE」「背が伸びる」など、広告の内容と文字のイメージを合わせて使うと効果的でしょう。

制作・文	マルミヤン

使用アプリケーション

Illustrator | Photoshop 2021

使用フォント	● ニタラゴルイカ

制作ポイント

➡ 長方形選択ツールでレイヤーをパーツに分ける

➡ レイヤーを拡大して引き伸ばした表現をする

➡ レイヤーを重ねた影を表現する

ポップ

" 文字を配置する "

STEP
01 横書き文字ツールを選択し、文字を配置します。レイヤーメニュー→"ラスタライズ"→"テキスト"をクリックし、テキストレイヤーから画像のレイヤーに変更することで、文字の加工が可能になります。

デザインの
ネタ帳

CHAPTER 1

CHAPTER 2

CHAPTER 3

CHAPTER 4

CHAPTER 5

文字をコピーしてペーストする

STEP 02　長方形選択ツールを選択し、選択範囲を作成したら❶、選択部分をコピーしてdeleteキーを押して選択部分を削除します❷。コピーした部分をペーストし、移動ツールで一度きれいに元の位置に戻します❸。

❶
引き伸ばす

❷
引き伸ばす

❸
引き伸ばす

文字を引き伸ばすように形を作る

STEP 03　shiftキーを押しながら移動ツールでペーストしたレイヤーを上方向に移動させ、同様に下になっているレイヤーもshiftキーを押しながら下方向に移動します。

STEP 04　再度長方形選択ツールを選択し、上のレイヤーを選択して、選択範囲を作成します。画面を拡大して選択範囲がレイヤーと被るぎりぎりの部分に選択範囲を移動します。

━━━ 文字を引き伸ばすように変形させる ━━━

STEP
05

選択部分をコピーしてペーストすると、ラインのようなレイヤーが作成され
ます。編集メニュー→"変形"→"拡大・縮小"をクリックし、下方向にレイ
ヤーを拡大します。変形が完了したら、enterキーを押して確定します。

━━━ 文字に色を付ける ━━━

STEP
06

移動ツールで文字に合わせて拡大したレイ
ヤーを配置し、レイヤーを結合しておきます。
結合したレイヤーのレイヤースタイルを開き、［カラー
オーバーレイ］にチェックを入れ、［表示色］を［描画
モード：通常］、［不透明度：100%］に設定します。

レイヤーを移動して影を付ける

STEP
07
このレイヤーを複製し、下になっているレイヤーのレイヤースタイル効果を削除します。移動ツールを選択し、十字キーを使用して移動させます。

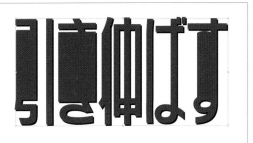

STEP
08
上になっているレイヤーのレイヤーサムネイルにカーソルを合わせ、command〔Ctrl〕キーを押してアイコンが変わった状態でクリックすると、レイヤーの選択範囲が作成されます。選択範囲が作成された状態で下のレイヤーを選択し、選択部分をdeleteキーで削除して選択範囲を解除します。移動ツールで少し位置を移動させたら完成です。

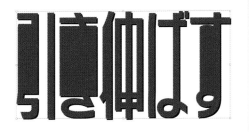 

VARIATION

引き伸ばす部分を変更する

長方形選択ツールで選択する位置を変えると、部分的に文字を引き伸ばすことも可能です。伸ばした文字部分に注目させることができるので、デザインの用途に合わせてポイントで使うと効果的でしょう。

引き伸ばす

CHAPTER 1
CHAPTER 2
CHAPTER 3
CHAPTER 4
CHAPTER 5

07

ポップなシール風文字

ひとかたまりのテキストに対してアピアランスから線を複数追加し、線幅を調整することで、インパクトのある視認性の高い文字を作成できます。

制作・文	mito

使用アプリケーション

Illustrator 2022 | Photoshop

使用フォント　● 平成丸ゴシック Std W8

制作ポイント

➡ 文字タッチツールを使い1文字ずつの配置を調整することで動きのあるレイアウトを作る

➡ アピアランスを調整することで線を何重にも重ねる

" ─────────── 文字を配置する ─────────── "

STEP 01　文字ツールを使い、アートボード上に文字を配置します。作例のフォントは「平成丸ゴシック Std W8」を使用しています。

アルバイト
募集中

文字タッチツールで文字の位置を調整する

STEP 02 プロパティパネルの文字より［詳細オプション］をクリックします。詳細オプション右上の3本線をクリックし、メニュー項目の"文字タッチツール"をクリックして、詳細オプションに文字タッチツールを表示させます。

STEP 03 ［文字タッチツール］をクリックし、1文字ずつ文字を動かして場所を調整します。

アウトライン化してアピアランスを設定する

STEP 04 文字を選択した状態で、書式メニュー→"アウトラインを作成"をクリックし、文字をアウトライン化します。続いて、オブジェクトメニュー→"複合パス"→"作成"をクリックし、パスを作成します。

1文字ずつ複合パス化されています。

パス化され、塗りと線がなくなります。

STEP
05
アピアランスパネルを開き、［塗り］と［線］を追加していきます。作例
では上から順番に、［塗り：R144／G220／B231］（#90dce7）、
［線：10pt, R51／G51／B51］（#333333）、［線：15pt, R245／G214
／B119］（#f5d677）、［線：
20pt, R255／G255／B255］
（#ffffff）、［線：25pt, R51／
G51／B51］（#333333）としま
した。

" ═══════════ **塗りに効果を追加する** ═══════════ "

STEP
06
アピアランスパネルで［塗り］を選択した状態で、パネルの左
下にある［新規効果を追加］から"スタイライズ"→"光彩（内
側）..."をクリックします。［描画モード：スクリーン］、［不透明度：75%］、
［ぼかし：5%］に設定し、光の加減を調整したら完成です。

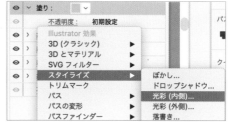

ポ
ッ
プ

デザインの
ネタ帳

CHAPTER 1
CHAPTER 2
CHAPTER 3
CHAPTER 4
CHAPTER 5

CHAPTER 4
08
ミニマムなグリッドスタイル文字

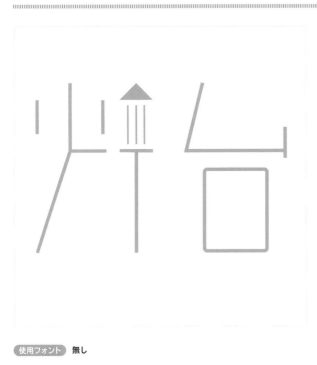

MVのタイトルやモーショングラフィックなどにもはまりそうなミニマムな線で構成する文字デザインです。一見フリースタイルに見えますが、実はグリッド（方眼・格子）に沿って設計されています。

制作・文　遊佐一弥

制作ポイント

➡ 作業はシンプルで線が少ない分、バランスやモチーフにこだわりを

➡ 作業しやすいようにグリッドとガイドの設定をしておくことで作業がよりスムーズに

➡ 規則的にポイントを打つために「スナップ」を活用

➡ ガイドを組み合わせることで、より一段レベルアップした仕上がりに

使用フォント　無し

使用アプリケーション
Illustrator 2022 ｜ Photoshop

❝ 準備する ❞

STEP 01 新規アートボードを用意したらまず環境設定メニュー→"ガイド・グリッド"を選択します。グリッドとガイドの見分けが付きやすいよう、それぞれ違う色に設定しておきます。どちらも見やすいように実線にしておくとよいでしょう。

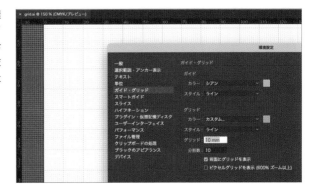

ポップ

STEP **02** 表示メニュー→"グリッドにスナップ"を選択してチェックを入れておきましょう。これでグリッド上に規則的にパスを打つことが簡単になります。

STEP **03** 文字の上下を決めるガイドを引いておきましょう。グリッドに吸着するので位置合わせが楽にできると思います。上下中央にも補助線を用意しておくとよいでしょう。文字を構成する際の参考になるように下書きレイヤーを作り、文字を配置しておきます。作業しやすいようにできるだけ大きく配置しておきましょう。

— パスで描く —

STEP **04** 作業用にレイヤーを追加して下書きの文字を参考にしながらパスツールで線を描いていきます。目指すのはミニマムな文字スタイルです。細部を精密にトレースするのでなく、最低限の線とコーナーで構成するつもりで作業するとよいでしょう。

デザイン
ネタ帳

CHAPTER 1

CHAPTER 2

CHAPTER 3

CHAPTER 4

CHAPTER 5

“ —— ガイドを活かしてもう一歩踏み込んだデザイン設計を —— ”

STEP 05 2つの文字のうちどこかのラインに水平のガイドを合わせます。このガイドを基準にほかの文字のオブジェクトも合わせていきます。位置を合わせることで、全体のバランスが整うようになってきます。この水平レベルを置く位置で文字の重心が上にくるか下にくるかが決まってきます。

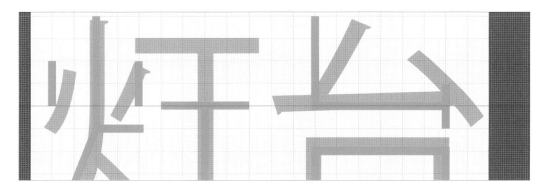

STEP 06 モチーフを加えることでアクセントを付けてもよいでしょう。

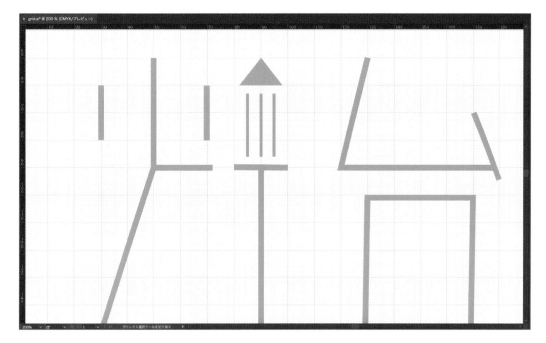

ピンバッジ風の文字デザイン

リアルなピンバッジ風の文字デザインなので、関連するイメージから、ファッション関係や音楽関係の広告、Web内の広告、バナーなどで使用すると効果的です。メインのビジュアルとして使用するのもインパクトがあってよいでしょう。

制作・文	マルミヤン

使用アプリケーション

Illustrator | Photoshop 2021

使用フォント	● Bungee

制作ポイント

➡ マジック消しゴムツールで輪郭線を抽出する

➡ フィルター効果でパーツごとに効果を加える

➡ ラップのフィルターでよりリアルなピンバッチを表現する

ポップ

" ━━━━━━━━━━━ 文字を配置する ━━━━━━━━━━━ "

STEP 01 横書き文字ツールを選択し、文字を配置します。

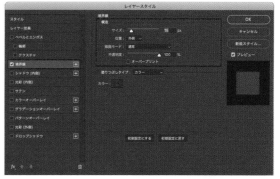

文字に境界線を付ける

STEP **02** このレイヤーを複製し、レイヤースタイルを開きます。[境界線]にチェックを入れ、[構造]を[サイズ：15px]、[位置：外側]、[描画モード：通常]、[不透明度：100%]に設定します。このときの色は何色でも構いません。複製したほうのレイヤーを選択し、レイヤーメニュー→"ラスタライズ"→"レイヤースタイル"をクリックし、テキストレイヤーとレイヤースタイルの効果をラスタライズして加工できるように変更します。

境界線部分を抽出する

STEP **03** マジック消しゴムツールを選択し、[許容値：32]（デフォルトの値）に設定します。黒（文字）の部分をクリックし、境界線部分を抽出します。

66 ━━━━━━━━━ 境界線部分に立体感を付ける ━━━━━━━━━ 99

STEP
04
STEP 03の操作で、境界線のレイヤーと文字のレイヤー
が分かれた状態になります。境界線のレイヤーを選択し、
レイヤースタイルを開きます。[ベベルとエンボス]にチェックを入れ、
[構造]を[スタイル:ベベル（内側）]、[テクニック:滑らかに]、
[深さ:150%]、[方向:上へ]、[サイズ:7px]、[ソフト:0px]
に、[陰影]を[角度:90°]、[高度:30°]、[光沢輪郭:リング]、
[ハイライトのモード:スクリーン]、[不透明度:100%]、[シャド
ウのモード:乗算]、[不透明度:50%]に設定します。続けて[カ
ラーオーバーレイ]にチェックを入れ、[表示色]を[描画モード:
通常]、[不透明度:100%]に設定します。

66 ━━━━━━━━━ 文字部分に立体感を付ける ━━━━━━━━━ 99

STEP
05
文字のレイヤーを選択し、レイヤースタイルを開きます。[ベベルとエンボス]
にチェックを入れ、[構造]を[スタイル:ベベル（内側）]、[テクニック:滑ら
かに]、[深さ:250%]、[方向:上へ]、[サイズ:4px]、[ソフト:0px]に、[陰影]
を[角度:90°]、[高度:30°]、[光沢輪郭:線形]、[ハイライトのモード:スクリーン]、
[不透明度:100%]、[シャドウのモード:乗算]、[不透明度:50%]に設定します。
続けて[光彩（内側）]にチェックを入れ、[構造]を[描画モード:乗算]、[不透明度:
20%]、[ノイズ:0%]に設定します。さらに[カラーオーバーレイ]にチェックを入れ、
[表示色]を[描画モード:通常]、[不透明度:100%]に設定します。

デザインの
ネタ帳

CHAPTER 1

CHAPTER 2

CHAPTER 3

CHAPTER 4

CHAPTER 5

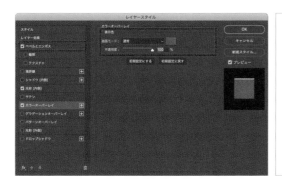

" ━━━━━━━━━ 文字にテクスチャを加える ━━━━━━━━━ "

STEP
06 2つのレイヤーを結合し、フィルターメニュー
→ "フィルターギャラリー" をクリックし、[アー
ティスティック]フォルダ内の[ラップ]をクリックして、[ハ
イライトの強さ:15]、[ディテール:6]、[滑らかさ:5]
に設定します。

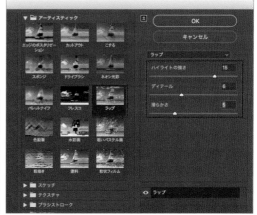

" ━━━━━━━━━ 文字の彩度を変更して影を付ける ━━━━━━━━━ "

STEP
07 イメージ
メニュー
→ "色調補正" →
"色相・彩度"をクリッ
クし、[色相:0]、[彩
度:30]、[明度:0]
に設定します。

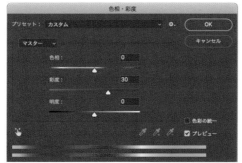

STEP
08
レイヤースタイルを開き、[ドロップシャドウ]にチェックを入れ、[構造]を[描画モード：乗算]、[不透明度：50%]、[角度：90°]、[距離：8px]、[スプレッド：0%]、[サイズ：13px]に設定します。最後に背景にテクスチャを追加したら完成です。

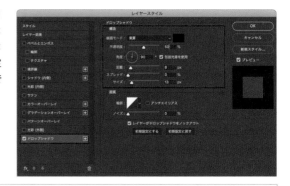

ポップ

派手やか、エキサイティング

マーブル模様テクスチャの文字

文字の塗り部分をマーブル模様にすることで、境界線なく融合する表現など、テーマ性のある文字が作成できます。

制作・文	mito

使用アプリケーション
Illustrator 2022　｜　Photoshop

使用フォント	● Pelago Bold Italic

制作ポイント

➡ うねりツールで色を混ぜる

➡ クリッピングマスクでマーブル模様を適用させる

" ━━━━━━ 図形を配置する ━━━━━━ "

STEP 01
長方形ツールを使い、アートボード上に作成する文字の大きさに合うような長方形を3つ配置します。作例では、[R14／G190／B225]（#0ebee1）、[R14／G171／B100]（#0eab64）、[R30／G112／B174]（#1e70ae）としています。

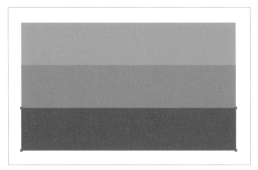

同じ大きさの長方形を隙間なく並べます。

派手やか、エキサイティング

デザインの
ネタ帳

CHAPTER 1

CHAPTER 2

CHAPTER 3

CHAPTER 4

CHAPTER 5

色を混ぜる

STEP
02 ツールバーからうねりツールを選択します。ダブルクリックし、ブラシサイズ
を調整します。作例では、[幅]、[高さ]ともに[50px]の正円のブラシ
としています。ダイアログを閉じ、うねりツールで何度もかき混ぜるようにそれぞれ
の長方形を選択してドラッグしていきます。

背景を作成する

STEP
03 マーブル模様にしたことでできた白い余白を埋めるために、背景に色を
敷きます。長方形ツールを使い、背景に敷き詰めるように長方形を作成し
ます。作例では[R14／G190／B225]（#0ebee1）とし、アピアランスパネル
より[不透明度：80%]としています。また、背景は模様の下に配置したため、レ
イヤーは一番下にします。

アピアランス
塗り
線
不透明度　80%
fx.

👁		<パス>		○
👁		<パス>		○
👁		<パス>		○
👁		<長方形>		◎ ■

❝ ━━━━━━━━━ 文字を作成してマーブル模様にする ━━━━━━━━━ **❞**

STEP
04 文字ツールで文字を作成します。作例の
フォントは「Pelago Bold Italic」を使
用しています。文字は一番上に配置します。すべ
てのオブジェクトを選択し、オブジェクトメニュー
→"クリッピングマスク"→"作成"をクリックする
と、文字がマーブル模様になり完成です。

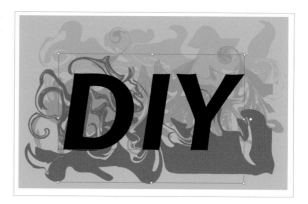

─ VARIATION ─

グルグル渦を巻いているような表現

ある程度規則正しくうずを巻いたような表現もできます。
円に対して、線ツールで線を引き、うねりツールを使う際に、円と同じ幅、高さのブラシサイズを指定します
（作例では円の［幅：146px］、［高さ：146px］としました）。それ以降は本文と同じように文字を乗せて
クリッピングマスクで切り抜きます。

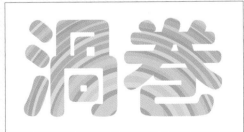

飛び出す電飾風立体文字

ロゴはもちろん広告や資料の見出しや、注意を引きたいコピーなど、さまざまなポイントで使用できる電飾風文字です。

| 制作・文 | 佐々木拓人 |

| 使用アプリケーション |

Illustrator 2022 | Photoshop

| 使用フォント | ● Block Berthold |

制作ポイント

➡ ワープを適切に使用する

➡ ブレンドツールで立体感を演出する

➡ 文字内のシャドウを乗算で作成する

文字を配置する

STEP 01 横書き文字ツールを選択し、アートボード上に文字を配置します。フォントは「Block Berthold」、[フォントサイズ：30pt]に設定し、「DRIVIN'」と入力します。色は黒に設定します。

"" ━━━━━━━━━━━ 文字をカーブさせる ━━━━━━━━━ ""

STEP
02
ワープオプションツールを選択し、STEP 01で作成した文字に[カーブ: -15％]を適用します。

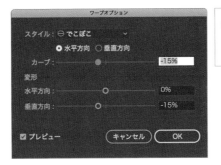

"" ━━━━━━━━━━━━ 複合パス化する ━━━━━━━━━━━ ""

STEP
03
オブジェクトメニュー→"アピアランスを分割"をクリックし、すべてを複合パス化します。

"" ━━━━━━━━ 文字をペーストして色を調整する ━━━━━━━ ""

STEP
04
文字のレイヤーをコピーして背面にペーストし、カラーツールを選択します。[C100／M0／Y0／K100]に設定します。

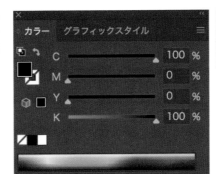

スムーズカラーを適用する

STEP 05
文字のレイヤー2つを選択し、オブジェクトメニュー→"ブレンド"→"ブレンドオプション..."を選択します。[間隔：スムーズカラー] に設定します。続けて、下側の文字列を若干拡大します。

MEMO

このあたりは好みにもよるので、いろいろなパターンを試してみるとよいでしょう。

文字の色を調整する

STEP 06
STEP 05で作成した文字のレイヤーをペーストして塗りを開き、カラーツールを選択して、値を [C70／M20／Y0／K0] に設定します。[線] を選択して、値を [C0／M0／Y0／K100] に設定します。[線幅] を [0.1mm] に設定し、楕円形ツールを [C0／M0／Y0／K44] に設定します。続けて、塗りを [透明：乗算] に設定し、文字の上に重ねます。

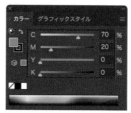

デザインの
ネタ帳

CHAPTER 1

CHAPTER 2

CHAPTER 3

CHAPTER 4

CHAPTER 5

" 文字を重ねる "

STEP 07 で 作 成 した
文 字 の レ イ ヤ ー を コ
ピーして前面にペーストし、最
前 面 に 配 置 し ま す。移 動 ツ ー
ル を 選 択 し て、［ 位 置 ］の 値 を
［水 平 方 向：0mm］、［垂 直 方
向：-0.25mm］、［移 動 距 離：
0.25mm ］、［角 度：90 ﾟ］に 設
定 し ま す。そ の 文 字 レ イ ヤ ー で、
STEP 06 で作成したものをマス
ク し、マ ス ク の 塗 り の 値 を ［C0
／M0／Y0／K100］に 設 定 し
ます。続けて、線色を［C0／M0
／Y0／K0］に 設 定 し、［線 幅］を
［0.1mm］に設定します。

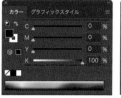

" 文字を重ねて調整する "

STEP 05 までに作成したものの上に配置して、
このように仕上がったら完成です。

━ VARIATION ━

より飛び出した形に仕上げる

STEP 07 の位置の移動を、上ではなく
下に移動させると、このように青文字の
「DRIVIN '」がさらに一段飛び出した
ような作例となります。

カラフルなロングシャドウの文字

文字に対して長めのシャドウをカラフルに付けることで、ロゴのような文字を作ることができます。バナーやプレゼン資料にも使える、インパクトのあるデザインです。

制作・文	mito

使用アプリケーション

Illustrator 2022 | Photoshop

使用フォント	● Pelago Bold

制作ポイント

➡ グローバルカラーへの登録

➡ 「変形効果」を使ったロングシャドウの作成

派手やか、エキサイティング

" —————— スウォッチパネルに色を登録する —————— "

STEP 01　今回は、繰り返し使用する5色をスウォッチパネルのグローバルカラーに登録します。作例では、[R235／G203／B77]（#F5CB4D ）、[R235／G73／B138]（#F5498A ）、[R10／G160／B214]（#0AA0D6 ）、[R101／G224／B214]（#65E0D6)、[R99／G60／B183]（#633CB7）としています。アートボード外に5色の長方形を作成し、すべて選択します。

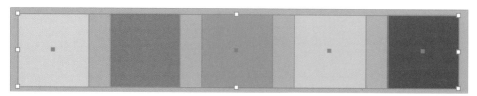

STEP 02 スウォッチパネルを開き、右下の［新規カラーグループ］をクリックします。
新規カラーグループパネルが開くので、名前、作成元を選択し、［OK］を
クリックします。

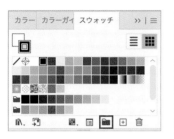
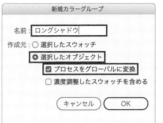

カラーが登録される。

『『 ━━━━━━━━ 背景を作成して文字の配置と分解をする ━━━━━━━━ 』』

STEP 03 長方形ツールを使用し、アートボード全体
が隠れるように長方形を作成します。作
例では、［線：なし］、［塗り：R99／G60／B183］
（#633CB7）としています。

STEP 04 文字を配置します。作例のフォントは「Pelago
Bold」、カラーは［R255／G255／B255］
（#ffffff）を使用しています。

STEP 05 文字を1文字ずつ個別に変
更できるようにします。文字を
選択した状態で、ツールバーよりパペッ
トワープツールを選択し、文字の上をク
リックします。レイヤーパネルでレイヤー
を見ると、文字が1文字ずつ個別に分
解されていることが確認できます。

“ ━━━━━━━━━━━━━ ロングシャドウを付ける ━━━━━━━━━━━━━ ”

STEP 06 レイヤーパネルより、最初の文字「T」の複合パスのみ選択します。この状態でアピアランスパネル
を開き、新規塗りを追加します。スウォッチより STEP 01 で登録したグローバルカラーを選択します。

STEP 07 追加した塗りを選択した状態で、下部の［新規効果を追加］から"パスの変形"→"変形…"をクリックし、「変形効果」ダイアログを表示させて値を入力します。ここでは、［移動］の［水平方向：0.3px］、［垂直方向：0.3px］、［コピー：850］としています。同じ手順を繰り返し、すべての文字に対してシャドウを付けます。

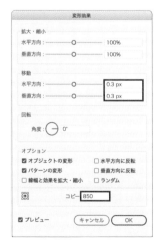

" ━━━━━━ シャドウの上に文字を追加する ━━━━━━ "

STEP 08 シャドウの上に文字を追加し、完成です。

━━ **VARIATION** ━━

変形効果のバリエーション

変形効果を使い、さまざまな影の表現ができます。たとえばアピアランスから追加した塗りに対して、垂直方向のみ移動させ、垂直方向に反転させることで逆さ文字ができます。
拡大縮小の水平方向、垂直方向を設定し、コピーの基準点を下にすることで前面へ飛び出すような効果を付けることができます。

とにかく目立たせたい、飛び出す文字デザイン

前面へ飛び出すような影を文字に付けることで、ほかの平面的に書かれた文字に対してその文字のみ立体的に見えるため、勢いも出てより目立たせることができます。

派手やか、エキサイティング

制作・文　mito

使用アプリケーション
Illustrator 2022　｜　Photoshop

使用フォント　● Futura Condensed ExtraBold
　　　　　　　● 小塚ゴシック Pr6N M

制作ポイント
➡ アピアランスを使った塗りや線の調整
➡ ブレンドツールの使い方

文字を配置して複製する

STEP 01　文字ツールを使い、アートボード上に文字を配置します。文字の隙間ができないようにあらかじめ文字間を狭く調整しておきましょう。作例のフォントは「Futura Condensed ExtraBold」を使用しています。色は［R249／G149／B127］（#f9957f）、［R242／G245／B208］（#f2f5d0）を使用しています。作成した文字を選択ツールで選択した状態で、command〔Ctrl〕＋C→command〔Ctrl〕＋Fを押し、同じ場所に2つ複製します。

重なっているので見た目は変わりませんが、レイヤーを確認すると2つ新たに複製されています。

塗りと線を設定する

STEP
02
レイヤーの一番上の文字を選択
し、それ以外のレイヤーは非表示
にします。先ほど設定した［塗り］を［な
し］にして、アピアランスにて色を設定して
いきます。アピアランスパネルを開き、［テ
キスト］を選択したら、［線：0.75pt］に設
定します。右下のアイコンから新規の［塗
り］と［線］を追加し、それぞれ［R255
／G255／B255］（#ffffff）、［R249／
G149／B127］（#f9957f）とします。

カラーパネルから色コードを直接指定した場合は、
shiftキーを押しながらクリックすると表示されます。

塗りにパターンを適用させる

STEP
03
ストライプのパターンが適用されるため、アート
ボード外に長方形を2つ作成します。作成した2
つの長方形を選択し、スウォッチパネルへドラッグして、パ
ターン登録を行います。

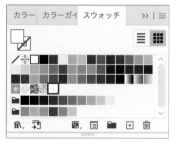

ここでは白い面積のほうが広いストライプを
作成します。

STEP **04** ［塗り］と［線］を設定した文字を選択し、アピアランスパネルの
［塗り］を選択します。スウォッチパネルをクリックし、登録したパ
ターンを選択して、［塗り］にパターンを適用させます。

派手やか、エキサイティング

塗りのパターンを加工する

STEP **05** ［塗り］のパターンを斜め
ストライプにし、線をもう少
し細く加工していきます。文字を選
択し、アピアランスパネルを開きます。
［塗り］を選択し、下部の［新規効
果を追加］をクリックして、"パスの
変形"→"変形…"をクリックします。
「変形効果」ダイアログで［拡大・縮
小］の［水平方向：50％］、［垂直方
向：50％］、［回転：-45°］に設定し、
［オプション］の［パターン変形］の
みにチェックを入れて［OK］をクリッ
クします。

斜めストライプ
に形状が変わり
ます。

❝ ━━━━━━━━━━━━ 立体の影を作成する ━━━━━━━━━━━━ ❞

STEP 06 STEP 01で複製した文字を使い、立体の影を作成していきます。作成したストライプの文字については、レイヤーの目のマークをクリックし、非表示にします。その他のレイヤーを表示させ、一番下にある文字を選択し、shift＋↓で下に移動させます。バウンディングボックスの角をshiftキーを押しながらドラッグすることで、サイズを小さくします。

STEP 07 小さくした文字の［塗り］を［R242／G245／B208］（#f2f5d0）に変更し、2つの文字を選択した状態で、オブジェクトメニュー→"ブレンド"→"ブレンドオプション…"をクリックして、「ブレンドオプション」ダイアログを開きます。任意の値を設定し、［OK］をクリックします。その後、オブジェクトメニュー→"ブレンド"→"作成"をクリックします。

ステップ数はオブジェクトの重なりなので、数値が大きいほど滑らかに重なって見えます。

❝ ━━━━━━━━━━━━ 装飾文字を追加する ━━━━━━━━━━━━ ❞

STEP 08 非表示にしていたレイヤーを復活させ、最後に、「期間限定」の文字を立体の影の上に配置し、完成です。作例のフォントは「小塚ゴシックPr6N M」を使用しています。

勢い・スピード感のある文字

3D効果について、どの面から見ているか？ という視点を意識し、グラデーション効果と掛け合わせることで、文字にスピード感や動きなども表現できます。

制作・文　mito

使用アプリケーション

Illustrator 2022 ｜ Photoshop

使用フォント　● VDL V7ゴシック EB

制作ポイント

➡ **3D効果を付ける**

➡ **3D効果に対してグラデーションを適用させる**

派手やか、エキサイティング

" ━━━━━━━ 文字を配置する ━━━━━━━ "

STEP 01　文字ツールを使い、アートボード上に文字を配置します。作例のフォントは「 VDL V7 ゴシック EB 」を、色は［ R242／G207／B39 ］（ #f2cf27 ）を使用しています。

デザインの
ネタ帳

CHAPTER 1

CHAPTER 2

CHAPTER 3

CHAPTER 4

CHAPTER 5

文字をアウトライン化して3D効果をかける

STEP
02　文字を選択した状態で、書式メニュー→"アウトラインを作成"をクリックし、文字をアウトライン化します。続いて、効果メニュー→"3Dとマテリアル"→"3D（クラシック）"→"押し出し&ベベル（クラシック）..."をクリックし、「押し出し&ベベル（クラシック）」ダイアログを表示して値を設定します。作例では、[位置：自由回転]、[x軸：15°]、[y軸：-30°]、[z軸：0°]とし、[押し出し・ベベル]で[押し出しの奥行き：300pt]としています。

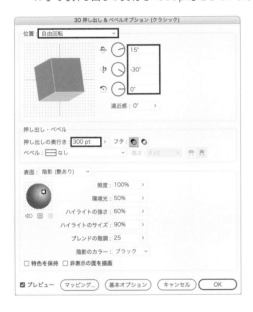

アピアランスの分割を適用する

STEP
03　文字を選択した状態で、オブジェクトメニュー→"アピアランスを分割"をクリックしてアピアランスを分割します。

元々は複合パスとなっています。

アピアランスが分割され、より細かいパス単位になっています。

ダイレクト選択ツールで文字の表面を選択する

STEP
04
ダイレクト選択ツールに持ち替え、文字上の表面に
あたる部分のみshiftキーを押しながらすべて選択
していきます。選択し終えたら、command〔Ctrl〕+Xで切
り取り、command〔Ctrl〕+Fで前面へペーストします。

切り取ることで表面のみを選択できていること
が確認できます。見た目は操作前と変わりま
せんが、レイヤーを確認すると前面に移動して
いることが確認できます。

3D効果にグラデーションを付ける

STEP
05
先ほど移動させたグループ以外の3D部分の
グループを選択し、グラデーションパネルより
色を設定します。グラデーションスライダーの右側の色は
〔R30／G156／B215〕（#1e9cd7）とし、左側は
〔R255／G255／B255〕（#ffffff）で、〔不透明度：
0%〕で透明にします。アートボード上の適切な位置に
配置して完成です。

照明で彩る華やかな電飾サイン文字

海外で見かける華やかな電飾サインをイメージした文字。太さが均一なジオメトリックサンセリフの文字をベースとして、電飾を並べたようなストロークを加えてサイン文字に仕立てます。複数の線や塗りを組み合わせて文字に立体感を出し、破線を利用して電飾を作りましょう。

制作・文　高橋としゆき

使用アプリケーション
Illustrator 2022　｜　Photoshop

使用フォント　● ITC Avant Garde Gothic Pro Bold

制作ポイント
➡ あらかじめ文字を複合シェイプにしておく
➡ 複数の線や塗りの組み合わせで立体感を演出
➡ 文字のストロークに沿って破線を配置＆破線に効果を加えて電飾を表現

ベースの文字を作る

STEP 01　フォントを「ITC Avant Garde Gothic Pro Bold」に設定し、[サイズ：120pt]、[カーニング：メトリクス]、[トラッキング：50]に設定したら、「CHANCE」という文字を作成します。

STEP 02　選択ツールでこの文字オブジェクトを選択し、パスファインダーパネルのパネルメニューから"複合シェイプを作成"をクリックして複合シェイプ化しておきます。

文字を事前に複合シェイプ化しておきます。

STEP 03　いったん文字の塗りと線を両方［なし］にして透明にしたら、アピアランスパネルの［新規塗りを追加］と［新規線を追加］を1回ずつクリックし、［塗り］と［線］の項目を2つずつにします。それぞれの項目をドラッグして順番を変更し、上から［線］［塗り］［塗り］［線］とします。以降の手順ではそれぞれの項目を図のように呼ぶことにします。

STEP 04　［線（上）］を［線 幅：2pt］、［R75／G190／B160］（#4BBEA0）に、［塗り（上）］を［R0／G0／B0］（#000000）、［不透明度：20％］に、［塗り（下）］を［R180／G65／B35］（#B44123）に、［線（下）］を［線幅：6pt］、［R0／G60／B50］（#003C32）に設定して、ひとまずベースの文字は完成です。

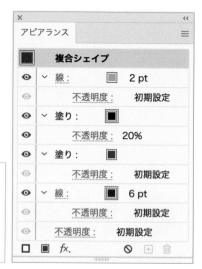

デザインの
ネタ帳

CHAPTER 1
CHAPTER 2
CHAPTER 3
CHAPTER 4
CHAPTER 5

" ——————————— 文字に立体感を出す ——————————— "

STEP 05 アピアランスパネルで［塗り（上）］の項目を選択し、効果メニュー→"パスの変形"→"変形..."をクリックして、［移動］を［水平方向：4px］、［垂直方向：4px］に設定し、［コピー：1］で実行します。

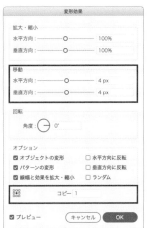

STEP 06 再び［塗り（上）］の項目を選択し、効果メニュー→"パスファインダー"→"背面オブジェクトで型抜き"をクリックします。アピアランスパネルに追加された［背面オブジェクトで型抜き］の項目をドラッグして［変形］の項目の下へ移動します。これで文字内部が凹んだように影ができました。

項目をドラッグで移動できないときは、右端にある「fx」の文字を掴むと移動できます。

STEP 07 アピアランスパネルで［線（下）］の項目を選択し、効果メニュー→"パスの変形"→"変形…"をクリックして、［移動］を［水平方向：0.1px］、［垂直方向：0.1px］に設定し、［コピー：60］で実行します。移動とコピーを繰り返すことで、文字に厚みを出します。

" 電飾を追加する "

STEP 08 ペンツールを使って文字の形に沿ったパスを作成し、線パネルで［線幅：6pt］に設定します。ポイントは［線端：丸型線端］にした上で［破線］を［線分：0pt］にすることです。こうすることで、正円がパスに沿って並んだような状態にできます。カラーは［塗り：なし］、［線：R255／G255／B0］（#FFFF00）にしておきましょう。

パスを描くのが苦手な人は、「電飾パス.ai」のデータをコピーペーストして文字に重ねて使ってください。

派手やか、エキサイティング

デザインの
ネタ帳

CHAPTER 1

CHAPTER 2

CHAPTER 3

CHAPTER 4

CHAPTER 5

STEP
09 パスをすべて選択した状態で、効果メニュー→"スタイライズ"→"光彩
（内側）..."をクリックし、[描画モード：スクリーン]、[カラー：R255
／G255／B255]、[不透明度：100%]、[ぼかし：1.5px]に設定し、[中心]
にチェックを入れて実行します。続けて効果メニュー→"スタイライズ"→"光彩
（外側）..."をクリックし、[描画モード：スクリーン]、[カラー：R255／G255／
B0]、[不透明度：100%]、[ぼかし：2px]に設定すると、電飾が光ったようなイ
メージになります。全体のバランスを見ながら、パスの形を微調整すれば完成です。

MEMO

○

2回目の効果を追加するとき、「この操作では、新たにこの効果のインスタンスが適用されます。」という内容の警
告が出る場合がありますが、[新規効果を適用]をクリックして継続します。

歪んだ版ズレのような効果を加えた文字

音楽関係のフライヤーや映画のポスタータイトルなどに合う、個性を感じる文字デザインです。Web系の広告、バナー、デジタルサイネージ、テレビなどの広告との相性もよいでしょう。少し不穏な感じがあるので、ホラー系の広告などにも使用できます。

派手やか、エキサイティング

制作・文　マルミヤン

使用アプリケーション
Illustrator ｜ Photoshop 2021

使用フォント　● ヒラギノ明朝 Pro

制作ポイント
➡ 2つのレイヤーを乗算で重ねて版ズレを表現する
➡ 指先ツールで歪みの効果を加える
➡ ノイズを加えてアナログ感をプラスする

" ━━━━━ 文字を配置する ━━━━━ "

STEP 01　横書き文字ツールを選択し、文字を配置します。

曖昧な境界

デザインの
ネタ帳

CHAPTER 1
CHAPTER 2
CHAPTER 3
CHAPTER 4
CHAPTER 5

STEP 02 このレイヤーを複製し、片方の文字色を［R255／G0／B0］（#ff0000）に、もう片方の文字色を［R0／G222／B255］（#00deff）に設定します。2つのレイヤーを選択し、レイヤーメニュー→"ラスタライズ"→"テキスト"をクリックして、テキストレイヤーから画像のレイヤーに変更することで、文字の加工が可能になります。

曖昧な境界　曖昧な境界

—— 指先ツールで効果を加える ——

STEP 03 2つのレイヤーを重なるように配置し、両方の［描画モード］を［乗算］に設定します。2つのレイヤーが重なり乗算の効果がかかっているため、文字の色が黒になります。

曖昧な境界

STEP 04 指先ツールを選択し、ブラシの種類を［ハード円ブラシ］、［ブラシサイズ：300px］、［モード：通常］、［強さ：5%］に設定して、片方のレイヤー（作例では青い色のテキスト）を選択した状態で指先ツールを加えていきます。

" ━━━━━━━━━━━━━ 指先ツールでさらに効果を加える ━━━━━━━━━━━━━ "

STEP
05
もう片方のレイヤー（作例では赤い色のテキスト）を選択し、同様に指先
ツールで同じ設定のまま指先ツールを加えます。部分的にブラシの強さな
ど調整しながら、文字の視認性が損なわれない程度に効果を加えていきます。

作例ではブラシの［強さ］を［12%］に
変更しています。

" ━━━━━━━━━━━━━━━ 文字にノイズを加える ━━━━━━━━━━━━━━━ "

STEP
06
最後に2つのレイヤーを結合し、フィルターメニュー→"ノイズ"→"ノイズ
を加える..."をクリックし、［量：6%］、［分布方法：均等に分布］に設定
したら完成です。

派手やか、エキサイティング

かすれのある粗い印刷風文字

粗い印刷のようなかすれた文字を作成しましょう。レイヤー効果を適用した文字に雲模様を重ねるだけで簡単に作成できます。

戦禍の跡

制作・文　高野 徹

使用アプリケーション
illustrator | Photoshop 2022

使用フォント　● 凸版文久見出しゴシック StdN

制作ポイント

➡ 文字にレイヤー効果を適用する

➡ 文字に雲模様をハードミックスで重ねる

➡ 雲模様にノイズを加える

" ——————— ベースとなる文字を用意する ——————— "

STEP
01
ファイルメニュー→ "新規..." で［幅：150mm］、［高さ：60mm］、［解像度：350ピクセル／インチ］、［RGBカラー］で［OK］をクリックし、新規書類を作成します。文字ツールでドキュメントウィンドウをクリックして文字を入力します。

ここではフォントに「凸版文久見出しゴシック」（Adobe Fonts）を選択し、［フォントサイズ：100 pt］、［カーニング：オプティカル］、［トラッキング：-25］に設定しています。

❝ ━━━━━━━━━━ レイヤーパネルで加工する ━━━━━━━━━━ ❞

STEP 02 レイヤーパネルで［レイヤースタイルを追加］ボタンをクリックし"シャドウ（内側）…"を選択し、ダイアログで図の値で設定します。さらに［スタイル：光彩（内側）］を図の値で設定し、［OK］ボタンをクリックします。

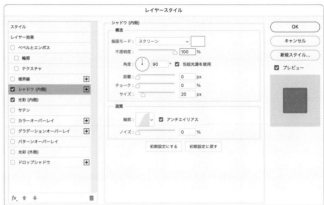

［構造］では［描画モード：スクリーン］、［R255／G255／B255］（白）、［不透明度：100%］、［角度：90°］、［包括光源を使用］にチェックを入れて［距離：0px］、［チョーク：0%］、［サイズ：20px］に設定。［画質］では［輪郭：ガウス］、［アンチエイリアス］にチェックを入れて［ノイズ：0%］とします。

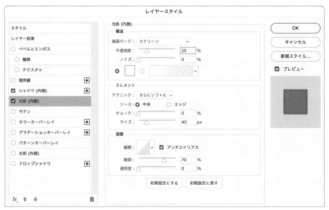

［構造］では［描画モード：スクリーン］、［不透明度：25%］、［ノイズ：0%］、［R255／G255／B255］（白）に設定。［エレメント］では［テクニック：さらにソフトに］、［ソース：中央］、［チョーク：0%］、［サイズ：40px］に設定。［画質］では［輪郭：線形］、［アンチエイリアス］にチェックを入れて［範囲：70%］、［適用度：0%］とします。

MEMO

［シャドウ（内側）］、［スタイル：光彩（内側）］ともにカラーは［白］に設定しています。

STEP
03
レイヤーパネルで［新規レイヤーを作成］ボタンをクリックし、作成した「レイヤー1」を［描画モード：ハードミックス］に設定します。描画色を［R15／G50／B60］、背景色を［白］に設定します。フィルターメニュー→"描画"→"雲模様1"を適用します。

MEMO

雲模様は適用ごとにランダムに模様が変わります。

STEP
04
フィルターメニュー→"ノイズ"→"ノイズを加える…"を［量：8％］、［分布方法：ガウス分布］で［グレースケールノイズ］にチェックを入れて［OK］をクリックします。

MEMO

かすれの位置が思ったようにならない場合は、STEP 03の雲模様をやり直してください。

ぼかしを効果的に使用した文字のデザイン

映画のポスタータイトルや音楽フライヤーのタイトルなど、個性的なイメージの広告と相性がよいデザインです。「消えていく」「なくなっていく」というイメージを表現したいときに効果的です。

派手やか、エキサイティング

| 制作・文 | マルミヤン |

使用アプリケーション
Illustrator | Photoshop 2021

| 使用フォント | ● Acier BAT |

制作ポイント
➡ 描画モードをディザ合成にしてスプレーのような効果を出す
➡ フィールドぼかしを使用してポイントでぼかしをかける
➡ ぼかしピンの位置を調整して細かなぼかし表現を調整する

文字を配置する

STEP 01 横書き文字ツールを選択し、文字を配置します。レイヤーメニュー→ "ラスタライズ" → "テキスト" をクリックし、テキストレイヤーから画像のレイヤーに変更して、文字の加工が可能になるように変更します。

文字をぼかす

STEP
02
レイヤーの［描画モード］を［ディザ合成］に変更し、フィルターメニュー→"ぼかしギャラリー"→"フィールドぼかし"をクリックします。

STEP
03
ぼかしピンの位置を移動し、ぼかしハンドルをドラッグしてぼかしの度合いを調整します。

ぼかしの度合いを調整する

STEP
04
ぼかしピンが「＋」の状態の場所でクリックすると、新しいぼかしピンが追加されます。場所を移動し、同様にぼかしハンドルをドラッグしてぼかしの度合いを調整します。

"——————————— ぼかしの度合いをさらに調整する ———————————"

STEP **05** STEP 04と同様の方法でぼかしピンを追加し、ぼかしの調整を行います。
最後にオプションバーの［OK］をクリックし、ぼかしの効果を確定させます。

"——————————— 文字に色を付ける ———————————"

STEP **06** このレイヤーを複製し、レイヤースタイルを開きます。
［カラーオーバーレイ］にチェックを入れ、［表示
色］を［描画モード：通常］、［不透明度：100%］に設定し
て、色の変更を行います。レイヤーの［不透明度］を［50%］
に変更し、移動ツールで文字を少しずらしたら完成です。

左上が［不透明度：100%］、
右上が［不透明度：50%］。

移動ツールで文字を
ずらします。

切り込みが入った文字のデザイン

切り込みが入っていることで、少し壊れたような広告のイメージで作りたい場合に使用するのもよいですが、文字にテクスチャが入っているので、ポップなイメージのものにも使用が可能です。フォントの太さを変えれば、表現の幅を広げることもできます。

制作・文　マルミヤン

使用アプリケーション
Illustrator ｜ Photoshop 2021

使用フォント　● Alfarn

制作ポイント
➡ 長方形ツールを利用して選択範囲を作成する
➡ 選択範囲を少し位置を移動させることで切り込みを作成する
➡ ハーフトーンパターンを使用して文字にエフェクトをかける

" ——— 文字を配置する ——— "

STEP 01 横書き文字ツールを選択し、文字を配置します。レイヤーメニュー →"ラスタライズ"→"テキスト"をクリックし、テキストレイヤーから画像のレイヤーに変更することで、文字の加工が可能になります。

―――――――――― 文字の上に長方形を配置する ――――――――――

STEP 02 新規レイヤーを作成し、長方形ツールを選択して長方形を文字の上に配置します。このとき長方形の色は何色でも構いません。編集メニュー → "変形" → "回転" をクリックし、30°ほど回転したら、enterキーを押して変形を確定します。

STEP 03 移動ツールで長方形を右側に配置します。レイヤーのレイヤーサムネイルにカーソルを合わせ、command〔Ctrl〕キーを押してアイコンが変わった状態でクリックすると、長方形レイヤーの選択範囲が作成されます。長方形レイヤーをいったん非表示にし、文字レイヤーを選択します。移動ツールを選択し、十字キーで選択範囲部分を少しずらして配置します。

派手やか、エキサイティング

STEP 04 選択範囲を解除し、再度長方形レイヤーを表示させます。文字の上に長方形を配置し、STEP 03と同様の方法で選択範囲を作成したら、移動ツールで位置をずらします。

" ———————— 長方形の配置を繰り返す ———————— "

STEP 05 STEP 02 ～ STEP 04の方法で、文字にいくつか切り込みを加えていきます。

" ——————————— ブラシで文字に効果を加える ——————————— "

STEP
06　文字レイヤーのレイヤーサムネイルに
カーソルを合わせ、STEP 03と同様の
方法で文字の選択範囲を作成します。ブラシツー
ルを選択し、ブラシの種類はソフト円ブラシ、[サ
イズ：300px]、[描画色：R255／G120／B0]
(#ff7800)に設定し、新規レイヤー上にブラシ
を加えます。

" ——————————— 文字にテクスチャを加える ——————————— "

STEP
07　選択範囲を解除し、ブラシを加えたレイヤーを複製します。[描画色：黒]、
[背景色：白]に設定し、フィルターメニュー→"フィルターギャラリー"を
選択、[スケッチ]の[ハーフトーンパターン]をクリックし、[サイズ：1]、[コントラ
スト：20]、[パターンタイプ：点]に設定します。

派手やか、エキサイティング

デザインのネタ帳

CHAPTER 1
CHAPTER 2
CHAPTER 3
CHAPTER 4
CHAPTER 5

" ————— レイヤーをずらして切り込みを入れる ————— "

STEP
08
レイヤーの［描画モード］を［オーバーレイ］に設定し、このレイヤーとブ
ラシを追加したレイヤーをレイヤーパネル上で選択したら、移動ツールで
図のようにずらして完成です。

——— VARIATION ———

フィルターギャラリーのテクスチャを変更する

STEP 07ではフィルターギャラリーの［ハーフトーンパターン］を選択し、［パターンタイプ］を［点］に設定
しましたが、［円］や［線］を選ぶことで、簡単に違うテクスチャを加えることが可能です。サイズやコントラス
トを調整することでもテクスチャの雰囲気を変えられるので、イメージに合うものを選ぶとよいでしょう。

［パターンタイプ］を［円］に設定。

［パターンタイプ］を［線］に設定。

著者紹介

mito (みと)

ITコンサル会社にて、金融系システムの開発、運用保守に携わった後、「デザイン」で人の心を動かす仕事に興味を持ち、Web業界へ。2020年4月からフリーランスWebデザイナーとして活動。プログラミング経験から「見た目」だけではなく、情報を整理し、きちんとロジックで裏付けられた説得力のあるデザインを大事にしています。著書に『デザインのネタ帳 プロ並みに使える飾り・パーツ・背景 Illustrator＋Photoshop』、『プロの手本でセンスよく！ Illustrator誰でも入門』（ともにエムディエヌコーポレーション・共著）。
- Twitter　@mito_works
- Web　　　https://mito-lab.com/

マルミヤン

2007年より「マルミヤン」（Marumiyan）名義で、福岡を拠点に活動を開始。雑誌、広告、CDジャケット、パッケージ、アパレル、プロダクト、Webなど、様々な媒体で活動を行う。著書に『Photoshopレタッチ 仕事の教科書 3ステップでプロの思考を理解する』、『やさしいレッスンで学ぶ きちんと身につくPhotoshopの教本』（ともにエムディエヌコーポレーション・共著）など。
- Web　　　https://marumiyan.com
　　　　　　https://marumiyan.com/fdw/

佐々木拓人 [Con-Create Design Inc.] （ささき・たくと／コンクリエイトデザイン）

株式会社コンクリエイトデザイン代表。アートディレクター／グラフィックデザイナー。2012年よりスタートしたオリジナルD.I.Y.ブランド "PINK FLAG" の代表も務める。著書に『デザインのネタ帳 プロ並みに使える飾り・パーツ・背景 Illustrator＋Photoshop』（エムディエヌコーポレーション・共著）など。
- Web　　　https://www.concreatedesign.jp
　　　　　　https://www.pinkflag.me
- E-mail　 info@concreatedesign.jp

高橋としゆき （たかはし・としゆき）

1973年生まれ、愛媛県松山市在住。地元を中心に「Graphic Arts Unit」の名義でフリーランスのグラフィックデザイナーとして活動。紙媒体からウェブまで幅広いジャンルを手がけ、デザイン系の書籍も数多く執筆。また、プライベートサイト「ガウプラ」では、オリジナルデザインのフリーフォントを配布しており、TVCM、ロゴタイプ、アニメ、ゲーム、広告など、さまざまな媒体で使用されている。著書に『デザインのネタ帳 プロ並みに使える飾り・パーツ・背景 Illustrator＋Photoshop』（エムディエヌコーポレーション・共著）など多数。
- Twitter　@gautt
- Web　　　https://www.graphicartsunit.com/

高野 徹（こうの・とおる）

福岡県在住。株式会社アド・ベン・コーポレーション所属。グラフィックデザイン、Webデザイン、イラスト制作などを行なっています。著書に『デザインのネタ帳　プロ並みに使える飾り・パーツ・背景　Illustrator＋Photoshop』（エムディエヌコーポレーション・共著）など多数。

- ● Web　　https://www.adben.co.jp/
- ● E-mail　kouno@adben.co.jp

画：扇谷一穂

遊佐一弥 [Yury and Design]（ゆさ・かずや／ユーリアンドデザイン）

写真事務所、美術展プロデュース事務所などを経て独立、グラフィックデザインやWeb制作を中心に活動。2006年有限会社ユーリアンドデザイン設立。2010年アートギャラリー芝生 GALLERY SHIBAFUをオープン。展示会は絵、漫画、ファブリック、陶磁器などの美術工芸作品から古道具、音楽などの幅広いジャンルに渡る。展示に合わせてデザイナーとして書籍やグッズ制作を行うことも多い。また、芝生のプロジェクトとして定期的にチェコ、ハンガリーなど中央ヨーロッパ諸国をまわる古いもの買い付けの旅も続け、ギャラリーや出張イベントでの販売も行なっている。2016年より文化学園大学デザイン造形学科非常勤講師。

- ● Web　　https://yuryandd.com

anyan（アニャン）

テキスタイルデザイナー／イラストレーター。イラストレーションとイラスト素材から展開する図案デザインにより、書籍、雑貨をはじめ、呉服や手芸用生地のオリジナルブランドなど、多種多様なアイテムを彩っている。著書に『デザイン歳時記』（翔泳社）、『不思議の森のWonderland』（日本文芸社）、『心を整えて気持ちをリセットする　アートパズル塗り絵』（エムディエヌコーポレーション）、『デザインのネタ帳　プロ並みに使える飾り・パーツ・背景　Illustrator＋Photoshop』（エムディエヌコーポレーション・共著）他。富士山麓にアトリエを構え、カントリーライフを楽しみながら制作活動を行なっている。

- ● Web　　http://www.anyan-sha.com/

デザインのネタ帳
プロ並みに飾る
文字デザイン *Illustrator ＋ Photoshop*

2022年5月11日　初版第1刷発行

制作スタッフ

［著者］　mito、マルミヤン、佐々木拓人、高橋としゆき、高野 徹、遊佐一弥、anyan
［発行人］　山口康夫
［発行］　株式会社エムディエヌコーポレーション
　　　　　〒101-0051　東京都千代田区神田神保町一丁目105番地
　　　　　https://books.MdN.co.jp/

［発売］　株式会社インプレス
　　　　　〒101-0051　東京都千代田区神田神保町一丁目105番地
［印刷・製本］　広済堂ネクスト

装丁・本文デザイン
赤松由香里（MdN Design）

DTP
株式会社リンクアップ

編集長
後藤憲司

編集
塩見治雄
株式会社リンクアップ

Printed in Japan

定価はカバーに表示してあります。

【カスタマーセンター】
造本には万全を期しておりますが、万一、落丁・乱丁などがございましたら、
送料小社負担にてお取り替えいたします。
お手数ですが、カスタマーセンターまでご返送ください。

落丁・乱丁本などのご返送先
〒101-0051　東京都千代田区神田神保町一丁目105番地
株式会社エムディエヌコーポレーション カスタマーセンター
TEL：03-4334-2915

書店・販売店のご注文受付
株式会社インプレス　受注センター
TEL：048-449-8040／FAX：048-449-8041

内容に関するお問い合わせ先
株式会社エムディエヌコーポレーション カスタマーセンター メール窓口

info@MdN.co.jp

本書の内容に関するご質問は、Eメールのみの受付となります。メールの件名は「デザインのネタ帳　文字デザイ
ン　質問係」、本文にはお使いのマシン環境（OS、バージョン、搭載メモリなど）をお書き添えください。電話や
FAX、郵便でのご質問にはお答えできません。ご質問の内容によりましては、しばらくお時間をいただく場合がござ
います。また、本書の範囲を超えるご質問に関しましてはお答えいたしかねますので、あらかじめご了承ください。

ISBN978-4-295-20270-7　　C3055